Te $\frac{147}{90}$

MÉTHODE

DE

DÉPLACEMENT,

PAR P.-F.-G.-BOULLAY,

OFFICIER DE LA LÉGION D'HONNEUR,
DOCTEUR DE LA FACULTÉ DES SCIENCES,
MEMBRE TITULAIRE DE L'ACADÉMIE DE MÉDECINE,
DE LA SOCIÉTÉ DE PHARMACIE, ETC.

ET POLYDORE BOULLAY,

PHARMACIEN, DOCTEUR DE LA FACULTÉ DES SCIENCES,
MEMBRE DE LA SOCIÉTÉ DE MÉDECINE DE PARIS, ETC.

✳

1833-1835.

✳

A PARIS,

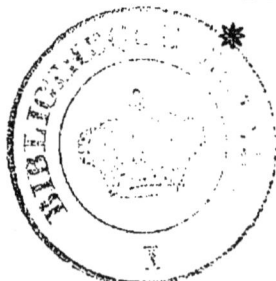

CHEZ LOUIS COLAS, LIBRAIRE,

RUE DAUPHINE, N°. 32.

ERRATA.

———◦◦◦———

Page 1, ligne 6, sans doute, *lisez :* sans doute

ligne 9, dans ce journal, *lisez :* dans le Journal de Pharmacie (tom. II, pages 165 et suivantes).

ligne 10, allongée, *lisez :* alongée.

2, ligne 25, de ce journal, *lisez :* du Journal de Pharmacie.

3, ligne 5, si l'on compare sur des, *lisez :* si l'on compare des.

5, ligne 31, comme fait, *lisez :* comme un fait.

6, dernière ligne de la note, dans ce cas, *lisez :* autrement.

8, ligne 10, de verser de la poudre, *lisez :* de verser une poudre.

11, ligne 8, *du procédé par déplacement*, lisez : *de la méthode de déplacement.*

22, ligne 22, extrait du, *lisez :* extrait de.

———◦◦◦———

DU FILTRE-PRESSE

DE RÉAL,

ET

DE LA MÉTHODE DE DÉPLACEMENT.

———————

PREMIER MÉMOIRE.

———————

Parmi les procédés, indiqués jusqu'à ce jour, pour extraire les principes solubles dans l'eau contenus dans les
poudres végétales, il en est un seul qui atteint complétement le but, c'est celui qui est fondé sur l'emploi du
filtre-presse de M. Réal. Et pourtant cet appareil est à
peine usité, sans doute, parce qu'il présente des inconvéniens qui viennent en limiter l'usage.

Sans reproduire ici la description du filtre-presse qui a
déjà été faite dans ce journal (1), nous rappellerons qu'il
se compose essentiellement d'une boîte d'étain allongée,
destinée à recevoir la poudre humectée d'eau à l'avance,
et d'un tuyau vertical capable de contenir une colonne
d'eau étroite mais élevée, et d'être vissé sur la boîte.

Le liquide dont le tube est rempli chasse celui qui
mouille la poudre en s'y substituant sous une pression

---

(1) *Journal de Pharmacie*, tom. II, pag. 165 et suiv.

I

correspondante à celle que produirait un cylindre d'eau égal en hauteur au tube et en diamètre à la boîte. C'est là sans doute une force très-puissante ; il reste à examiner si elle est indispensable au résultat.

Une colonne d'eau si élevée est un inconvénient réel. Aussi a-t-on cherché à lui substituer une colonne de mercure de manière à produire une semblable pression par une bien moindre hauteur ; mais ce n'est là qu'un remède insuffisant. Ajoutez encore la nécessité de donner à l'appareil de fortes dimensions pour qu'il résiste à la pression qu'il subit, celle de réparer fréquemment la vis qui sert d'union aux deux pièces principales, et vous conclurez sans doute avec nous que cet appareil est peu maniable et incommode.

Cette critique acquerrait une tout autre importance, si nous parvenions à prouver que l'appareil proposé par M. Réal ne tient pas tout ce qu'il semble promettre, ou plutôt qu'il y a luxe de moyens, et que par un procédé très-simple on peut obtenir des effets aussi satisfaisans, aussi complets qu'en se servant du filtre-presse.

Pour être à même de décider cette question, il faut avant tout se rendre un compte exact du mécanisme mis en jeu dans le filtre-presse de M. Réal.

Les expériences faites par M. Cadet-Gassicourt père, et décrites dans le deuxième volume de ce journal, auraient suffi pour en donner la clef, s'il les eût discutées et s'il en eût fait apprécier la portée. En effet, quoiqu'elles semblent impliquer contradiction, et que, dans un article destiné à faire l'éloge du filtre-presse, notre savant confrère ait exposé des faits qui paraissent en infirmer les avantages, nous trouverons le moyen de tout concilier, et d'expliquer cette contradiction qui n'est qu'apparente.

« M. Cadet a observé : 1°. que le quinquina gris ne » fournit pas plus de produit par le filtre-presse que par

» l'infusion ordinaire à froid ; 2°. que des poudres humec-
» tées d'eau et abandonnées ainsi pendant six heures,
» puis exprimées par tout autre procédé, donnent des
» teintures saturées au même degré qu'au filtre-presse. »
*Sans doute, si l'on compare sur des volumes égaux des
produits, dont la quantité, ainsi que nous le verrons tout
à l'heure, n'est pas égale dans les deux cas.*

Sans conclure de ces données, ainsi qu'il semblerait
naturel de le faire, que l'emploi du filtre-presse n'offre
aucune supériorité sur toute autre méthode, nous en
tirerons du moins cette conséquence, que la puissance ou
le mode de la pression ne sont pour rien dans le résultat.

Passons à une autre observation que rapporte M. Cadet,
et qui nous aidera puissamment dans notre recherche.
« Une remarque fort singulière sur l'effet du filtre-
» presse, dit M. Cadet, est celle-ci : Une poudre végétale,
» épuisée de principes solubles et détrempée avec de
» l'alcool rectifié est mise dans l'appareil. On fait agir
» dessus la colonne d'eau : cette eau ne se mêle pas avec
» l'alcool ; celui-ci passe le premier au même degré aréo-
» métrique qu'il avait avant l'expérience.

C'est là, selon nous, que réside tout le mécanisme du
filtre-presse, et cette propriété essentielle peut être for-
mulée à peu près de la manière suivante :

Lorsqu'une poudre saturée d'eau (1), *mais incapable
de former pâte avec elle, est placée dans un récipient
analogue à celui du filtre-presse de M. Réal, si l'on fait
agir sur elle la colonne d'eau, cette eau traverse la poudre
en chassant complétement devant elle la liqueur qui la
mouille, et la remplace sans s'y mêler.*

---

(1) Nous disons qu'une poudre est saturée d'eau, lorsque cette poudre
convenablement mouillée et placée dans l'appareil n'en laisse écouler
aucune portion par le robinet inférieur, et n'est plus capable d'en absorber aucune sans en laisser écouler.

Quel résultat avantageux ressort-il de cette propriété ? Nous allons chercher à le faire saisir par un exemple simple.

Supposons qu'une poudre capable de retenir deux fois son poids d'eau lorsqu'elle en est saturée, la sciure de bois par exemple, soit mêlée avec un poids de ce liquide quadruple du sien ; abandonnons pendant quelques heures ce mélange, agitons-le même afin d'être sûrs que toutes les parties de la poudre soient mouillées, et que l'eau ait dissous tout ce qui est soluble. Cherchons ensuite à recueillir les produits par divers procédés pour juger de leur valeur relative.

Par la simple expression dans une toile serrée, nous ne recueillerons pas tout-à-fait les trois quarts de la liqueur qui mouille la poudre. Par l'emploi d'une presse ordinaire, nous en retirerons exactement les trois quarts.

Si nous mettons au contraire cette poudre dans le récipient du filtre Réal, il s'écoulera d'abord une quantité de liquide égale à deux fois le poids de la poudre, et l'écoulement s'arrêtera. Nous en conclurons que la poudre est saturée d'eau lorsqu'elle en contient deux fois son propre poids.

Maintenant faisons agir la colonne jusqu'à ce que nous ayons obtenu une quantité de liquide égale à celle que nous savons être retenue par la poudre, et nous recueillerons la totalité du produit : nous savons en effet que la colonne d'eau qui agit sur la poudre chasse la liqueur qu'elle retient sans s'y mêler.

Ce procédé réalise donc ce que la presse ne peut donner, et nous fait obtenir un produit plus considérable qu'elle ; ce sera, dans ce cas, dans le rapport de 4 à 3. Il permet encore d'épuiser une poudre par une affusion d'eau convenable, mais toujours peu abondante ; résultat que la presse ne peut donner. En employant des quantités de liquides bien plus considérables et en répétant son action, on s'en rapprocherait sans doute, mais sans y atteindre.

En résumé, l'avantage du procédé de M. Réal sur tout autre mode d'expression, réside dans la facilité qu'il offre d'extraire, jusqu'à la dernière goutte, la liqueur qui mouille une poudre et qui s'est chargée de ses principes solubles; résultat impossible à atteindre par les autres moyens en usage. Il consiste encore dans l'emploi d'une quantité de liquide aussi petite que possible, et dans la limpidité des produits.

Eh bien, ce résultat si précieux est tout-à-fait étranger à cette haute pression à laquelle M. Réal l'a attribué; car il peut être obtenu indépendamment d'elle par la super-position et le simple poids de la quantité d'eau nécessaire pour déplacer complétement le liquide qui mouille la poudre; en un mot, par le poids d'un volume d'eau égal à celui du liquide qu'on veut déplacer.

Ainsi, par exemple, que l'on verse dans un entonnoir d'étain une poudre saturée d'eau, ou qu'on humecte cette poudre sur l'entonnoir même de manière à l'en saturer, chaque goutte en excès ajoutée à la surface en fera écouler une à la base de l'entonnoir.

Si l'on ajoute tout d'un coup, mais avec précaution, à la surface de la poudre humectée un volume d'eau égal à celui qu'elle retient, cette nouvelle quantité chas-sera devant elle la liqueur saturée, de la même manière et dans le même état que dans le filtre Réal, et s'y sub-stituera sans s'y mêler. Les expériences d'application, que nous développerons dans la seconde partie de ce Mé-moire, donneront la preuve de ce que nous établissons ici comme fait.

Cette propriété n'est pas même particulière à l'eau : nous nous sommes assurés que tous les liquides produi-sent un effet analogue les uns sur les autres, quelle que soit leur densité relative, et cela pouvait être prévu si l'on eût tenu compte des lois de la capillarité et de la pesanteur.

Ainsi l'eau chasse le vin et est à son tour chassée par ce liquide. Il en est de même de l'alcool. L'huile est déplacée par l'eau, mais incomplétement, et la déplace de même à son tour. L'air fait écouler l'eau en partie, mais il est complétement déplacé par elle et toujours de haut en bas (1).

Rien de plus facile que de constater ce dernier phénomène. Que l'on place une poudre sur un entonnoir, qu'on l'arrose d'eau avec précaution de manière à recouvrir sa surface de deux ou trois lignes de liquide, et l'on ne verra aucune bulle remonter pour s'échapper. L'air descendra au contraire pour se dégager en totalité par la partie inférieure (2).

----

(1) C'est un phénomène de ce genre qui s'est offert à MM. Robiquet et Boutron, lorsqu'en faisant l'analyse de la graine de moutarde ils ont fait agir l'éther sur la semence exprimée. Rappelons ce que ces chimistes ont observé, en citant textuellement le passage de leur mémoire :

« Nous prîmes de la farine de moutarde blanche dont on avait retiré » par la pression la majeure partie de l'huile fixe, et nous l'introdui- » sîmes dans un gros et long tube effilé par une de ses extrémités, et » fermé avec un bouchon de cristal par l'autre. Ce tube fut rempli » d'éther et clos immédiatement. L'appareil était disposé de manière à » ce que l'éther ne pût s'écouler que très-lentement. Ce menstrue agit » sur l'huile avec une espèce de force répulsive ; il la chasse pour ainsi » dire devant elle, en telle sorte que ce qui s'écoule d'abord est de » l'huile presque pure et qui sent à peine l'éther. »

(2) Lorsqu'on veut mouiller complétement une poudre, c'est-à-dire, remplacer l'air qu'elle retient ou qu'elle condense par un liquide, on y parvient de suite en plaçant cette poudre sur un vase ouvert à ses deux extrémités, un entonnoir, par exemple, et en la recouvrant d'eau sur toute sa surface. Si l'on n'humectait la poudre que sur un point, on pourrait emprisonner de l'air dans certaines parties, et rendre incomplet l'effet qu'on cherche à produire. Mais rien de plus simple en opérant avec soin.

Il n'en serait pas de même si le vase qui renferme la poudre était fermé inférieurement. On sait qu'il vaut mieux dans ce cas arroser peu à peu la poudre, ce qui laisse des issues à l'air, que de la recouvrir de liquide. Dans ce cas on ne parviendrait à la mouiller qu'avec la plus

On conçoit toutefois que chacune de ces expériences
doive offrir quelques particularités qui résultent de la nature des liquides soumis à l'épreuve. Ainsi quand les liqueurs que l'on superpose peuvent se mouiller, quand
leurs molécules sont analogues, elles paraissent se substituer exactement les unes aux autres, le déplacement est
complet, et s'il y a mélange, c'est tout au plus au point
de contact; mais cet effet est toujours assez limité pour
pouvoir être négligé. C'est le cas de l'eau par rapport à
elle-même, par rapport aux solutions dans l'eau et même
par rapport au vin et à l'alcool.

Si les liquides au contraire sont incapables de se mêler,
s'ils ne se mouillent pas, l'effet est incomplet. Par exemple,
l'eau ne déplace l'huile qu'incomplétement, à moins de
répéter son action. Les portions d'huiles interposées entre
les particules d'une poudre, celles qui n'adhèrent pas di-
rectement à la poudre sont déplacées de suite et coulent
pures; mais l'eau glisse sur les autres et s'échappe bientôt
elle-même en entraînant toutefois une portion de l'huile
adhérente. On peut même, en renouvelant les affusions
d'eau, extraire la presque totalité de l'huile. C'est encore
là ce qui a lieu lorsqu'on veut déplacer de l'eau par de
l'air, en faisant légèrement le vide à la partie inférieure
de l'appareil.

La détermination exacte de ces effets variables deman-
derait de longues et nombreuses expériences : nous y re-

---

grande lenteur. Ces phénomènes se présentent journellement sous mille
formes, aussi est-il bon de s'en rendre un compte exact. Ainsi le sucre,
la chaux et beaucoup d'autres corps se délitent mieux lorsqu'on les arrose que lorsqu'on les submerge.

Ajoutons encore un mot. Lorsqu'on cherche à déterminer la densité
d'une poudre, rien n'est plus difficile que d'extraire complétement l'air
qu'elle retient par les procédés ordinaires. Pour le faire, on est forcé
de recourir à l'emploi prolongé de la machine pneumatique; en appliquant l'observation offerte par l'entonnoir, on y parviendrait sans
doute et avec bien plus de promptitude et de simplicité.

viendrons toutes les fois que nous aurons quelqu'application à faire de ces phénomènes. Pour le moment il nous suffisait de déterminer l'action de l'eau sur elle-même, et c'est à quoi nous nous sommes attachés.

On comprend de suite quelle simplicité l'appréciation de cette propriété permet d'introduire dans nos appareils. Cette méthode réduite à l'emploi d'un entonnoir d'étain ou de verre doit devenir générale et habituelle dans les laboratoires des pharmaciens, tant son exécution est simple. Il suffira de verser de la poudre dans l'entonnoir, après avoir placé à l'orifice inférieur une petite mèche de coton pour l'arrêter, on la tassera plus ou moins, suivant les circonstances, on la saturera d'eau, en laissant le contact se prolonger plus ou moins, puis on déplacera cette liqueur par une affusion d'eau convenable, et celle-ci à son tour par un autre. En un mot, ce jeu sera répété autant de fois qu'on le jugera nécessaire:

On aura d'ailleurs égard aux observations suivantes.

1°. La poudre sur laquelle on opère ne doit pas faire pâte avec l'eau.

2°. L'écoulement est d'autant plus lent que la poudre est plus ténue ou plus tassée.

3°. La quantité de liqueur retenue est d'autant moindre que la poudre est plus comprimée. Le contraire n'est vrai que dans certaines bornes. On conçoit en effet que l'absorption d'un liquide par une poudre a pour limites celles de la force moléculaire qui le retient, qui l'unit à cette poudre, et que dès qu'on dépasse la sphère d'activité des molécules il doit y avoir écoulement.

4°. Il est utile en général d'employer des poudres qui ne soient pas trop fines, et qui soient légèrement tassées.

5°. On doit opérer à chaud ou à froid suivant la nature des produits, et celle des véhicules qu'on emploie.

6°. Pour obtenir une liqueur aussi concentrée que possible soit à froid, soit à chaud, du traitement d'une poudre aisément attaquable dans l'un ou l'autre de ces cas, il faut verser le liquide sur la poudre d'une manière continue et fractionner les produits (1). Les premiers sont très-concentrés, les suivans deviennent rapidement plus faibles, et cela se conçoit puisque les premières portions peuvent se saturer dans tout le cours de leur passage au travers de la poudre, et doivent ne laisser à celles qu'on fait passer après elles que peu de matériaux à dissoudre.

C'est là ce qui se passe dans la préparation du café pour la table (2), et ceci nous conduit naturellement à rappeler la cafetière à la Dubelloy, l'une de ces inventions rares qui atteignent le but et sont parfaites du premier coup. Cet appareil si simple qui a précédé celui de M. Réal, n'en diffère que par la pression, c'est dire qu'il en possède tous les avantages sans en avoir les inconvéniens ; aussi n'a-t-il pu depuis son invention subir de modifications vraiment utiles.

Cet appareil sera notre modèle toutes les fois qu'il faudra opérer à vases clos : on pourra le construire en étain, en porcelaine ou mieux l'imiter avec des entonnoirs de verre ou d'étain et des flacons tubulés. Il est bon que le récipient destiné à recevoir la poudre soit étroit, allongé

---

(1) L'observation faite par M. Cadet, et rapportée plus haut sur l'état de saturation des liqueurs obtenues par le filtre-presse, comparé à celui des liqueurs qui proviennent de l'infusion à froid est vraie ; mais dans le cas seulement où l'on mouille les poudres avant de les mettre dans le récipient.

(2) La poudre de café, traversée rapidement par une quantité d'eau bouillante égale à 10 fois son poids, est à peu près épuisée, et la liqueur qui coulerait ensuite aurait peu de mérite, quand même on prolongerait la macération.

En fractionnant les produits, on trouve les premières portions qui s'écoulent très-chargées, et les dernières beaucoup plus faibles. Les premiers produits constituent ce que l'on appelle essence ou extrait de café, liqueur fort précieuse pour aromatiser le lait sans l'affaiblir, ou pour composer un sirop de café que l'on délaie à volonté dans le lait ou dans l'eau chaude.

et conique inférieurement. Il en résulte que le lavage est plus parfait et le déplacement plus exact. On peut placer sous le récipient inférieur un robinet qui permette de fractionner les produits. Si ce robinet est joint au récipient au moyen d'un tube étroit de verre, il peut servir à séparer deux liquides incapables de se mêler, que l'on a déplacés l'un par l'autre.

La cafetière à la Dubelloy n'est pas la seule application de cette propriété qui ait précédé la théorie. Elle se trouve, entre autres, mise deux fois à profit dans le jeu du filtre-Dumont, destiné à la décoloration des sirops de cassonades par le charbon. Celui qu'on emploie à cette opération contient une matière saline ; on l'arrose dans l'appareil même d'une quantité d'eau convenable pour l'en débarrasser, et on ne cesse d'en verser que lorsqu'elle passe sans saveur ; mais la poudre retient encore de l'eau ; cette eau est déplacée à son tour par le sirop que l'on verse sur le charbon, et qui ne s'y mêle pas. On peut apprécier le moment où toute l'eau est chassée par la substitution subite d'une liqueur sucrée à une liqueur insipide. Lorque le charbon cesse d'agir, il faut le renouveler, mais d'abord le priver du sirop dont il reste imprégné. On y parvient complétement en versant encore une fois de l'eau sur le charbon : aussitôt le sirop s'écoule par le robinet inférieur ; il passe pur jusqu'à ce que l'eau le suive à son tour après l'avoir déplacé, ce dont il est facile de juger par la diminution brusque de saveur de la liqueur qui s'écoule. Enlever le charbon pour le laver dans une bassine ce serait augmenter considérablement la masse d'eau pour n'y parvenir qu'incomplétement.

Le lavage des précipités sur les filtres est une conséquence de cette propriété ; aussi, lorsqu'ils ne forment point pâte avec l'eau, ce lavage peut-il être obtenu d'une manière complète et rapide, en employant une très-petite quantité de liquide ; dans le cas contraire on y parvient rapidement encore en les desséchant d'abord pour détruire leur état gélatineux, et en les lavant ensuite sur l'entonnoir par le même mode. Ce procédé peut être suivi toutes les fois que le corps soluble qui est disséminé dans la poudre ne peut agir sur elle pendant la dessiccation, autrement le lavage par décantation serait le seul praticable.

Nous traiterons dans un autre article de l'application *du procédé par déplacement* à un certain nombre de préparations pharmaceutiques, et nous offrirons le tableau des résultats avantageux qu'il produit, comparés à ceux qui sont fournis par les méthodes usuelles.

PREMIÈRES APPLICATIONS

De la méthode de déplacement, en prenant pour type le quinquina. Discussion des formules nombreuses proposées pour chacun des médicamens dont cette écorce fait partie. Choix fondé sur les résultats exacts et rigoureux que la méthode de déplacement permet seule d'obtenir.

SECOND MÉMOIRE.

Si nous sommes parvenus, dans notre mémoire sur le *filtre-presse*, à exposer avec quelque clarté les effets de capillarité et de pesanteur mis en jeu dans l'*appareil de M. Réal* ou dans la *cafetière à la Dubelloy*, nous aurons réussi sans doute aussi à faire apprécier la supériorité de ce procédé sur les modes ordinaires d'expression, et sa simplicité, lorsqu'on supprime la colonne de liquide.

Notre but aujourd'hui est de présenter l'application à quelques produits pharmaceutiques de cette méthode, que nous nommerons *méthode de déplacement*, et de faire entrevoir, par cet exposé, combien on peut y puiser de ressources, soit pour la pharmacie, soit pour les arts chimiques (1). Pour arriver à cette application, nous entrerons nécessairement dans d'assez longs détails sur les préparations que nous avons prises pour types, et nous développerons quelques idées théoriques qui, sous beaucoup de rapports, pourront s'appliquer à une foule d'autres.

S'il est du devoir du pharmacien de rechercher, dans ses opérations, la perfection des produits plus que l'économie, il appartient aussi à un esprit éclairé et non moins consciencieux de tendre, de tous ses efforts, à tirer le meilleur parti possible des substances qu'il traite, et surtout d'éviter des pertes sans résultat ni profit.

Jetons les yeux sur la plupart des formulaires, et nous trouverons presque à chaque page à exercer dans ce sens notre critique. Ainsi, pour obtenir une teinture aqueuse, vineuse, alcoolique, éthérée, ou toute autre, d'une ou de plusieurs poudres végétales, après avoir indiqué les doses relatives de substances à employer, la manière d'opérer, etc., on ajoute ordinairement, *passez et filtrez*, sans prendre garde à la quantité souvent considérable de liqueur retenue par les poudres, liqueur aussi saturée que celle qu'on recueille, et que l'on peut obtenir si aisément en la déplaçant par un liquide approprié. Il est rare même que l'on aille jusqu'à indiquer l'emploi de la presse, et l'on perd ainsi une proportion souvent importante du produit, sans qu'il en résulte aucun avantage pour sa qualité (2). Si l'on prépare un extrait, on emploie d'énormes masses d'eau, qu'il faut ensuite évaporer avec préjudice pour l'opérateur ainsi que pour la qualité du

---

(1) Le terrage du sucre, que nous avons omis de citer dans notre premier mémoire, est fondé sur la propriété du déplacement exact des liquides l'un par l'autre. Il en est de même du lessivage des matériaux salpêtrés.

(2) Quelquefois il arrive que faute d'obtenir le poids du véhicule

produit, et qui ne donnent pas tout ce que l'on pourrait obtenir par une voie beaucoup plus simple.

On conçoit quelle série nombreuse de préparations infidèles peut être comprise sous ces titres, qui ne sont pas uniques. Nous aurons donc mille fois l'occasion de revenir sur ce sujet ; aujourd'hui nous nous bornerons à faire l'application de nos idées à la préparation des divers médicamens qui ont pour base le quinquina. Il nous faudra d'abord discuter les formules trop nombreuses proposées jusqu'ici pour chacun d'eux, peser leur valeur relative, la démontrer même par des expériences que nous croyons décisives. Nous chercherons moins à innover qu'à choisir, mais à choisir à coup sûr et de manière à faire partager notre conviction. En réduisant ainsi les procédés à leur plus simple expression, à leur expression mathématique, nous espérons avancer l'époque où l'unité dans la préparation pourra s'établir, résultat bien désirable et bien peu atteint jusqu'à ce jour.

Du quinquina.

Le quinquina introduit en Europe en 1632, le fut en France en 1679, sous le règne de Louis XIV et par ses soins ; cependant il n'en est pas fait mention dans la *Pharmacopée de Lémery*, publiée en 1698, ce qui prouve que l'usage de cette écorce était encore peu répandu, ou qu'elle était mal connue. On ne l'employait d'ailleurs à cette époque que sous une seule forme, la plus simple, c'est-à-dire en poudre.

Le voyage de La Condamine dans l'Amérique méridio-

---

employé, ou même la quantité nécessaire pour les opérations qui doivent suivre, on se voit forcé de les compléter avec de l'eau nouvelle, tandis qu'on abandonne dans le résidu une portion notable de la liqueur concentrée : cet inconvénient peut être évité dans la plupart des cas, par l'application de notre nouvelle méthode.

nale, exécuté en 1730, ne tarda pas à mettre le quinquina en vogue. Ce savant en rapporta divers échantillons, qu'il présenta en 1738 à l'Académie des Sciences, c'est de là que le quinquina gris (*cinchona condaminea*), qu'il décrivit le premier avec soin, et qui fut long-temps employé de préférence à tout autre, a pris son nom. Peu d'années après parut le *Codex* de 1748, qui nous offre des formules pour le sirop de quinquina à l'eau, au vin, pour l'extrait, le vin, la décoction concentrée de quinquina.

Ces préparations se retrouvent décrites toujours avec quelques modifications dans la *Pharmacopée de Charas* de 1753, dans la *Chimie de Lémery* revue et publiée par Baron en 1756, et elles se sont perpétuées jusqu'à nos jours, plus nettement appréciées et méthodiquement établies par Baumé, dont les ouvrages doivent toujours être consultés par ceux qui s'efforcent de bien pratiquer la pharmacie. Le *Codex* de 1818 les reproduisit avec moins de succès ; et les nombreux formulaires contemporains, parmi lesquels nous citerons l'un des plus récens, celui de MM. Henry et Guibourt, rapportent l'une ou l'autre de ces diverses formules, souvent sans assigner le motif de leur préférence.

Toutes ces préparations ont pour but essentiel et important d'enlever au quinquina ses principes actifs plus ou moins solubles, au moyen de dissolvans appropriés, tels que l'eau, le vin, l'alcool, afin de les séparer des parties ligneuses, bien plus abondantes que les autres. L'administration en devient par-là plus facile et moins rebutante, soit qu'on concentre sa puissance sous un moindre volume, comme dans l'extrait, soit qu'on l'associe au sucre, comme dans le sirop, soit qu'on l'étende dans l'eau ou dans le vin. Ces médicamens, qui diffèrent entre eux comme les agens qu'on emploie pour les produire, ont d'ailleurs des applications diverses et spéciales, chacun suivant sa nature et sa puissance. Nous allons passer en revue ces différentes préparations, et chercher à apprécier quelles sont les formules qui remplissent le mieux l'indication à laquelle chacune d'elles est destinée.

Les extraits de quinquina doivent nous occuper d'abord. On conçoit en effet que la connaissance des produits que fournit le quinquina par divers traitemens, nous guidera puissamment pour apprécier et leur valeur, et celle des composés dans lesquels on fait entrer les principes actifs de cette écorce.

Extraits aqueux de quinquina.

Les procédés indiqués pour préparer l'extrait aqueux de quinquina se rapportent à deux modes principaux : la macération à froid, la décoction. Mais chacun de ces modes admet une foule de modifications dans le temps de la digestion, dans la quantité du véhicule. Cherchons à voir si ces modifications sont fondées, et à déterminer à quel point il faut s'arrêter.

Nos essais comparatifs ont été tentés tous d'abord sur le quinquina gris (*cinchona condaminea*), adopté dans le *Codex* comme quinquina officinal. Nous les avons répétés pour la plupart sur le quinquina jaune royal ou calisaya (*cinchona lancifolia*), et nous avons eu la preuve, ainsi qu'on devait le prévoir, que le procédé de déplacement s'applique également bien à toutes les espèces. Chaque opération a été suivie avec le soin qu'on apporte à une analyse.

Extrait de quinquina par macération à froid.

La macération ou la trituration prolongée des poudres dans l'eau froide, procédé proposé par le comte de Lagaraye en 1746, et souvent usité depuis, a pour but d'extraire d'une poudre végétale tout ce qu'elle contient de soluble à froid dans l'eau.

Procédé de Lagaraye. — Lagaraye délaie le quinquina dans quarante parties d'eau en deux fois, et recommande de l'agiter pendant un jour et plus. Nous avons mouillé du quinquina gris d'abord avec les deux tiers de la quantité d'eau prescrite par Lagaraye pour les décanter au bout de vingt-quatre heures, les filtrer et les remplacer par l'autre tiers.

Après un temps égal, la seconde liqueur, séparée par décantation et par l'action de la presse, a été filtrée et évaporée séparément de la première : les deux liqueurs, de couleur ambrée dans l'origine, ont passé au rouge intense par l'action de la chaleur, et n'ont pas tardé à se troubler. Réduites sans bouillir à quelques onces et filtrées après le refroidissement, elles ont laissé sur le filtre un dépôt de couleur lie de vin assez abondant.

L'évaporation achevée au bain-marie sur des assiettes a produit, avec la première liqueur, un extrait rouge, à très-peu près complétement soluble dans l'eau, surtout lorsqu'on favorise la dissolution par une douce chaleur, déliquescent, amer et acide tout à la fois ; la seconde liqueur a donné un produit plus coloré, moins déliquescent, moins soluble.

Quatre onces de quinquina gris en poudre demi-fine (1) ont produit :

Première liqueur : cinq gros d'extrait soluble.
Deuxième liqueur : demi-gros d'extrait incomplétement soluble.

En tout cinq gros et demi ou un peu plus du sixième du quinquina employé ; c'est exactement la moyenne des

---

(1) Les poudres que l'on destine à de semblables opérations peuvent être faites au moulin : on les obtient par ce moyen égales et pas trop fines.

résultats obtenus par Baumé sur des quantités d'écorce beaucoup plus considérables.

Procédé du Codex. — Les rédacteurs du *Codex*, pensant que la quantité d'eau prescrite par Lagaraye était beaucoup trop considérable, l'ont réduite de manière à ce qu'elle ne fût plus égale qu'à dix fois le poids du quinquina. Ils conseillent deux macérations de douze heures chacune, d'abord avec six parties d'eau, puis avec quatre parties.

Nous avons traité quatre onces du même quinquina par ce nouveau procédé, et évaporé séparément les produits liquides : le premier s'est légèrement troublé, le second s'est coloré en rouge et s'est troublé davantage. Filtrés, ils ont fourni un extrait peu coloré, soluble en totalité dans l'eau, surtout à l'aide de la chaleur, déliquescent, astringent, amer et acide tout à la fois dans les proportions suivantes :

Première liqueur : deux gros et demi d'extrait sec ;
Deuxième liqueur : un gros et demi d'extrait sec ;

en tout quatre gros ou un huitième du poids de l'écorce.

Cet extrait est moins coloré que celui de Lagaraye, sans doute parce qu'il subit moins long-temps l'action du feu, et parce que l'eau employée en bien plus petite proportions a moins d'action sur la matière colorante. D'ailleurs il s'en rapproche beaucoup par les propriétés, la saveur en est également très-prononcée, mais la quantité en est inférieure ; voyons si cela tient au mode d'opération.

Quatre onces de quinquina gris, en suivant la formule du *Codex*, demandent, pour la première macération, une livre et demie d'eau froide. On en retire par décantation quatorze onces et demie, si l'on évite l'emploi d'étoffes capables d'absorber une portion de la liqueur. Par l'addition d'une nouvelle livre d'eau, la poudre se trouve mouillée par une livre neuf onces et demie. Cette fois, après la macération convenable, force est de passer avec expression,

et même de mettre à la presse pour perdre le moins possible de la liqueur. On en recueille ainsi une livre deux
onces et demie, ce qui, joint à la première quantité, fait
deux livres une once. La poudre et les linges en conser-
vent donc sept onces et même sept onces et demie, si l'on
déduit du premier produit la quantité d'extrait qui y est
dissoute. Or, la poudre seule en retient six onces. Les linges
en absorbent donc d'une once à une once et demie. Ces sept
onces et demie de liqueur sont aussi saturées que celle de
la seconde macération, puisqu'elles en faisaient partie,
il y a donc perte de la proportion d'extrait correspondante ; le calcul l'indique de 43 grains pour la totalité ou
de 35 grains pour six onces.

Rien n'était plus simple que de vérifier ce résultat, il
suffisait de placer le résidu sur un entonnoir après l'avoir
imprégné d'une once d'eau pour l'en saturer, et de déplacer par sept onces d'eau celle qui était retenue par la
poudre. Nous avons obtenu par cette manipulation 36
grains d'extrait sec semblable au précédent.

Voilà donc un des vices de ce procédé; il existe aussi
dans celui de Lagaraye; mais il y devient presque nul
à cause de la grande proportion d'eau qu'on emploie. En
résumé, le procédé du *Codex* était capable de produire 4
gros 43 grains d'extrait; mais il n'en produit que 4 gros
lorsqu'on n'y applique pas la méthode de déplacement.

Méthode de déplacemens successifs.—Notre but, en
examinant les questions qui se rattachent aux préparations de quinquina, n'a pas été seulement de montrer
comment la méthode de déplacement peut y être appliquée avec succès, mais aussi de contrôler, au moyen de
cette méthode tout analytique, les procédés usités et
de les soumettre à une discussion approfondie qui
permît de reporter sur d'autres produits les observations
auxquelles elle donnera naissance.

Ainsi nous avons voulu voir si les quantités d'eau,

si le temps de macération exigés dans ces opérations étaient ou non convenables, enfin si cette macération était nécessaire, et nous nous sommes adressés avec intention à l'un de ces corps, que l'on considère comme difficiles à attaquer au moyen de l'eau; nous avons aussi cherché à vérifier quelques questions controversées, par exemple celle de savoir si l'eau froide enlève plus ou moins de principes solubles aux substances sur lesquelles on la fait agir que ne le ferait l'eau chaude. Toutes ces données pouvaient nous être fournies par notre nouveau procédé, d'une part en rendant les déplacemens successifs, de l'autre en opérant d'une manière continue.

Pour déterminer d'abord quelle est la quantité d'eau strictement nécessaire, il suffisait de mouiller sur l'entonnoir du quinquina en poudre demi-fine par le double de son poids d'eau, de déplacer au bout de douze heures par une égale quantité d'eau, et ainsi de suite jusqu'à ce que nous eussions obtenu une quantité d'extrait égale ou supérieure à celle qui est fournie par le procédé du Codex ou même par celui de Lagaraye.

Quatre onces de quinquina gris lavées en cinq fois par deux livres et demie d'eau, et maintenues douze heures en contact avec l'eau nouvelle après chaque déplacement, ont fourni les produits suivans :

1re. liqueur. . . trois gros quarante-huit grains d'extrait sec.
2e. liqueur. . . soixante-cinq grains.
3e. liqueur. . . quinze grains.
4e. liqueur. . . neuf grains.
5e. liqueur. . . sept grains.

En résumé cinq gros un grain, ou du sixième au septième du quinquina que nous avons traité.

Le premier produit était déliquescent; le second moins que celui-ci, et ainsi de suite ; tous deux avaient une saveur astringente, très-amère, acide, les autres étaient amers; la cinquième liqueur s'est troublée pendant l'évaporation.

On voit donc que la somme de ces produits est plus considérable que celle des produits fournis par le procédé du *Codex*, et nous n'avons pourtant employé qu'une quantité d'eau égale. On voit encore que les deux premières liqueurs amères, résultant de l'emploi d'une seule livre d'eau, ont donné autant d'extrait que l'on en obtient au moyen des deux livres et demie d'eau prescrite par le *Codex*.

Il reste à établir si le temps employé à la macération est indispensable. Rien de plus aisé à vérifier en opérant le lavage d'une manière continue et sans macération préalable.

Méthode de déplacement continu. —Versons donc sur le quinquina légèrement tassé dans un entonnoir huit parties d'eau froide, de manière à en recueillir d'abord quatre parties que nous évaporerons séparément des deux parties qui s'écouleront ensuite, la poudre en retenant d'ailleurs deux parties. La première liqueur paraîtra très-chargée, la seconde beaucoup moins; aussi présenteront-elles des différences énormes dans la quantité de leurs produits. En opérant sur quatre onces de quinquina gris avec deux livres d'eau, on obtient :

De la première livre de liqueur. . . 5 gros d'extrait sec.
De la demi-livre suivante. . . . . . 24 grains d'extrait sec.

En tout 5 gros 24 grains (1), ou le sixième environ du quinquina employé.

Cet extrait déliquescent, soluble en totalité, astringent, très-amer, acide, est, chose remarquable, à quelques

(1) Un autre quinquina gris, de moins belle apparence que celui-ci, ne nous a fourni par le même procédé que 4 gros d'extrait sec. Un troisième échantillon inférieur encore n'en a donné que 3 gros.

grains près égal en quantité à ce qu'on retire par le procédé de Lagaraye ; celui de tous qui en a fourni la plus
forte proportion, mais en employant une dose d'eau
sept fois plus considérable. Cette expérience prouve donc
à la fois, d'une manière irrécusable, l'inutilité d'une
forte proportion d'eau pour préparer le sel de Lagaraye
aussi bien que celle d'une plus ou moins longue macération.

Quelle simplicité ne résulte-t-il pas aussi de là pour
sa préparation, et quelle garantie pour la bonne qualité du
produit qui subit aussi peu d'altération que possible (1).

Les résultats de cette expérience remarquable, qui
doit être féconde en applications, sont très-importans
pour la discussion des autres préparations de quinquina ;
mais, avant d'y arriver, nous avons encore quelques expériences à faire pour épuiser le sujet et pour réunir
tous les élémens nécessaires à cette discussion.

Ainsi nous avons dû répéter cet essai sur le quinquina jaune pour connaître s'il se comporte comme le
quinquina gris : il était également nécessaire de déterminer exactement la quantité d'extrait que fournit la décoction du quinquina gris dans l'eau.

Les résultats, offerts par le quinquina jaune traité par
le procédé de déplacement continu, viennent confirmer
d'une manière bien positive ceux qui précèdent. Ainsi
de quatre onces de quinquina jaune royal lavées par déplacement continu au moyen de six parties d'eau ou une
livre et demie, on obtient :

De la première livre. . . . . 3 gros moins 10 grains d'extrait sec.
De la demi-livre suivante. . 9 à 10 grains (2).

---

(1) Il est inutile sans doute de faire observer que lorsqu'on prépare
l'extrait sec, il faut réunir les liqueurs qu'ici nous avons dû évaporer
séparément.

(2) La méthode de déplacement continu doit offrir un excellent
procédé d'analyse, toutes les fois qu'il faut enlever à une substance
les principes solubles qu'elle peut céder à un ou à plusieurs liquides :

. En tout 3 gros ou du dixième au onzième du quinquina.

De ce résultat et du précédent nous pouvons, ce nous
semble, sans avoir besoin d'autres expériences, tirer cette
conséquence que la liqueur qui résulte du lavage d'une
poudre par le procédé de déplacement est également saturée, soit qu'elle s'écoule sans pression étrangère, soit
qu'elle traverse la poudre sous une pression plus ou
moins considérable : nous voyons en effet que, dans un
cas comme dans l'autre, elle est autant chargée que possible.

La longueur du trajet de la liqueur au travers de la
poudre est le véritable moyen de la saturer : la pression
n'y contribue en rien (1), aussi un récipient allongé, un
entonnoir étroit et cylindrique dans sa partie supérieure
est-il le véritable appareil à employer, et les résultats que
nous avons énoncés seraient sans doute plus tranchés encore, si nous nous fussions servi pour les produire d'un
vase de cette forme au lieu d'un simple entonnoir évasé,
ce qui a rendu nécessairement le contact plus multiplié,
et le déplacement moins exact.

Extrait du quinquina par décoction.

Le procédé indiqué par le *Codex* de 1818 réduit la
quantité d'eau prescrite par le précédent de 32 parties
à 10; ce qui peut être un inconvénient quand on

---

c'est même le seul moyen d'arriver à une analyse exacte. Elle peut
offrir un moyen rapide de déterminer la valeur comparative de divers
quinquinas.

(1) Si l'on s'adressait à des corps difficilement attaquables, et que
l'on voulût prolonger ce trajet sans employer des appareils de dimensions trop considérables, il suffirait de diviser la poudre dans plusieurs
vases et de faire passer la liqueur sur chacun d'eux successivement,
comme dans le lessivage des matériaux salpêtrés.

opère par décoction : il a en outre le défaut de ne pas extraire tout ce que l'on pourrait obtenir avec les mêmes quantités, mais par une manipulation différente. La perte dépasse un neuvième du produit obtenu. En opérant avec tout le soin nécessaire sur 4 onces de quinquina gris de bonne qualité, on obtient 6 gros d'un extrait pilulaire incomplétement soluble. Ce produit desséché pour être amené à l'état d'extrait sec, perd un quart de son poids, ce qui le réduit à 4 gros et demi ; mais l'on pourrait recueillir encore une portion du produit perdu dans le résidu soumis à la presse, en déplaçant, comme nous l'avons fait plus haut, la liqueur qu'il retient. Ce résidu, ainsi traité, fournit encore 36 grains d'extrait sec, soluble, peu coloré, et en donnerait 44 à 45 grains, si l'on tenait compte de la liqueur perdue ou absorbée par l'étoffe qui a servi pour l'exprimer.

En résumé, la décoction du quinquina dans 10 parties d'eau est capable de fournir 5 gros 8 grains d'extrait sec, ou du sixième au septième du poids du quinquina ; mais elle n'en donne que 4 gros 36 grains, ou le septième par la méthode usitée jusqu'à ce jour. Ces quantités sont inférieures à celles que nous a fournies une moindre proportion d'eau froide appliquée par déplacement continu ; elles se réduiraient encore si l'on isolait la partie insoluble de l'extrait préparé par décoction.

Cette expérience, répétée plusieurs fois, a constamment donné des résultats semblables. Elle confirme le fait curieux annoncé par Cadet de Vaux (1), et contesté depuis par MM. Baget, Blondeau et Guibourt, que l'eau froide enlève au quinquina plus de principes que l'eau bouillante, du moins dans les limites prescrites par le Codex.

On sera peu surpris, d'après ces résultats et ceux qui précèdent, si nous déclarons que le sirop de quinquina

---

(1) Journal de Pharmacie, tom. IX, pag. 283.

fait par décoction, d'après le procédé du *Codex*, nous a paru moins amer et moins chargé de principes actifs que celui qui est fait à froid et extemporanément au moyen du procédé de déplacement continu (1).

Sirop de quinquina à l'eau.

On trouve, dans les formulaires français ou étrangers, diverses formules pour la préparation du sirop de quinquina à l'eau, qui se rapportent aux trois modes suivans, la décoction, l'infusion, la macération à froid.

Les *Codex* de 1748 et de 1818 prescrivent la décoction, leurs formules ne diffèrent que par la proportion d'eau, qui est de 32 fois le poids du quinquina dans l'ancien *Codex*, et de 10 fois dans le nouveau. MM. Henry et Guibourt adoptent l'infusion et une proportion d'eau de 8 parties, ce qui revient au même que dans le procédé du nouveau *Codex*, comme nous le verrons tout à l'heure. Baumé conseille la macération à froid, mais il emploie une quantité d'eau plus considérable, 16 fois le poids du quinquina. Les formules des *Codex* semblent fondées sur l'opinion que le sirop est d'autant plus chargé de principes actifs qu'il est plus trouble ; et dans ce cas la formule qui prescrit la plus grande proportion d'eau l'emporte

---

(1) On nous objectera sans doute qu'une analyse comparée des produits peut seule trancher la question : cette épreuve pourra être décisive dans cette circonstance, au moins relativement au quinquina jaune, car la quinine paraît être vraiment l'expression la plus simple, quelquefois même trop nue de la vertu fébrifuge du quinquina, et quoique les probabilités fussent toutes en notre faveur, nous eussions cherché à faire subir dès aujourd'hui cette épreuve à nos idées : nous tarderons peu à en faire l'expérience ; mais ces essais nous eussent emporté trop loin dans un travail essentiellement destiné à mettre en action la méthode de déplacement, en l'appliquant à des composés anciens et déterminés. Dans beaucoup de cas, nous serons même tentés de décliner la valeur de la méthode analytique pour apprécier des médicamens complexes et faciles à dénaturer, surtout lorsqu'il sont puisés dans le règne organique.

nécessairement sur l'autre ; MM. Henry et Guibourt paraissent avoir eu pour but d'entraîner le plus possible les principes actifs par une infusion prolongée, tout en cherchant à obtenir un sirop limpide : Baumé veut arriver au même but en employant une plus grande proportion d'eau froide.

On ne saurait nier que l'aspect agréable d'un produit n'ait réellement quelque valeur. Sous ce rapport, le sirop par infusion (1), sans être d'une limpidité parfaite, aurait l'avantage sur celui qui résulte de la décoction, mais ce n'est pas là toutefois le point essentiel, et la limpidité du produit doit sans doute passer après son activité. Quand nous n'aurions pour décider cette question d'autre guide que la saveur, et dans ce cas il serait assez fidèle, nous donnerions encore une fois l'avantage au sirop fait par infusion, dont l'amertume nous a paru plus prononcée, ce qui dénoterait une plus grande activité. La différence est d'ailleurs peu sensible, et il doit en être ainsi, car les conditions de la préparation de ces sirops ne sont pas très-différentes. Le plus grand défaut, de l'une comme de l'autre méthode, est de ne pas utiliser tous les matériaux qu'en emploie, et de déterminer une perte qui s'élève au moins au quart du produit, ainsi qu'il est facile de le démontrer. Le *Codex* prescrit de faire bouillir pendant un quart d'heure le quinquina dans une quantité d'eau égale à 10 fois son poids, et dans un vase couvert. L'évaporation réduit toutefois la quantité du véhicule d'un cinquième ou de 10 parties à 8. On passe avec expression, et l'on n'obtient que 6 parties ou les trois quarts de la liqueur qui mouille la poudre ; l'autre quart étant retenu, soit par la poudre, soit par l'étoffe qui sert à exprimer.

(1) Il est à remarquer que l'infusion de couleur ambrée, lorsqu'on la filtre, se colore en rouge foncé par l'ébullition au moment où l'on concentre le sirop.

MM. Henry et Guibourt, qui prescrivent l'infusion prolongée dans 8 parties d'eau, se placent exactement dans les mêmes circonstances, et n'utilisent que les trois quarts de leur produit. Il est clair d'ailleurs que cette perte peut varier avec chaque opération nouvelle. Elle dépendra toujours de la relation qui existera entre le produit exprimé et la liqueur retenue par la poudre.

Sans rien modifier à l'une ou l'autre de ces formules, on pourrait aisément tout recueillir; il suffirait, comme nous l'avons indiqué, de jeter la poudre sur un entonnoir au lieu de l'exprimer, et de déplacer la liqueur qui la mouille par une affusion d'eau convenable, le sirop deviendrait par-là plus actif dans la proportion de 4 à 3; mais il est une manière d'opérer très-simple, très-rapide et très-exacte à la fois : c'est d'employer l'eau froide comme Baumé, mais d'appliquer la méthode de déplacement continu. Le but que l'on se propose dans la préparation du sirop de quinquina à l'eau devant être d'autant mieux atteint, qu'on aura plus complétement mis à profit les principes amers ou astringens de cette écorce qui peuvent être retenus en dissolution par l'eau froide, le procédé suivant, fondé sur nos précédens résultats, nous paraît réaliser toutes ces conditions, et l'emporter sur ceux que nous venons de citer.

℞ Quinquina en poudre demi-fine. . six onces ou une partie et demie.

Placez-le dans un récipient étroit, allongé et terminé inférieurement comme un entonnoir : tassez-le à mesure que vous le versez, en frappant légèrement sur les parois du vase, placez à quelques lignes au-dessus de la surface du quinquina un disque percé de petits trous, et versez de suite sur ce disque.

Eau froide. . . trois livres douze onces (1) ou quinze parties.

---

(1) Nous conservons à dessein les dosages en livres, onces et gros

Recueillez la liqueur ambrée qui s'écoulera par l'orifice inférieur, et dont la quantité s'élèvera à. . . . . . .

. . . . trois livres ou douze parties.

La poudre en retenant environ. . . . . .

. . . . douze onces ou trois parties.

Faites fondre dans cette liqueur, à une douce chaleur.

Sucre blanc en morceaux. . deux livres ou huit parties.

Portez le sirop au bouillon pour l'amener à. . . . .

. . . . trois livres ou douze parties.

ou bien à 30° bouillant. Passez.

Ce sirop sera clair, presque incolore, et plus amer que ceux dont nous venons de discuter la préparation.

Sirop de quinquina au vin.

L'application des mêmes principes permet de préparer avec une extrême facilité le sirop de quinquina au vin, le vin de quinquina, etc. Rien de plus simple que l'idée fondamentale de ces préparations, rien de plus compliqué que leur exécution actuelle.

Il semble naturel, par exemple, d'admettre qu'en préparant les sirops de quinquina à l'eau, au vin, et le vin de quinquina lui-même, on ait eu pour but de produire des médicamens dont la seule différence fût basée sur la différence de puissance dissolvante de ces divers agens et sur celle de leurs propriétés particulières, les relations entre la quantité du véhicule et celle du quinquina restant les mêmes. Les formulaires, loin de présenter cet ensemble et cette régularité, prescrivent en général, pour chacune de ces préparations, des doses variées, et là comme partout, en général, ils

---

comme moyen de comparaison plus facile entre les formules anciennes et les nouvelles ; l'indication en parties répond d'ailleurs à tous les besoins.

ne s'accordent même pas avec eux-mêmes. Ce n'est pas tout : voulant mieux faire et produire un vin de quinquina aussi chargé que possible, tout en cherchant à perdre le moins possible du produit, on a diminué la quantité du quinquina, et augmenté au contraire l'action dissolvante du vin en le rendant plus alcoolique. Le *Codex* de 1818 prescrit, par exemple, d'employer une partie d'alcool à 30° pour six parties de vin, ce qui est énorme. Ce n'est plus là du vin de quinquina, mais déjà une teinture alcoolique : cette apparente amélioration le dénature.

Pour le sirop au vin, la difficulté devenait plus sérieuse encore : le quinquina retenant, comme nous l'avons dit, à peu près son poids de liqueur lorsqu'on le soumet à l'action d'une presse ordinaire, et la quantité de liqueur nécessaire pour préparer le sirop étant peu considérable, on aurait perdu trop de vin si l'on eût mouillé la dose de poudre de quinquina nécessaire pour faire un sirop suffisamment actif. On n'a donc employé qu'une faible proportion de quinquina, et l'on a remplacé celle qui manque par de l'extrait aqueux préparé à l'avance, complication tout-à-fait inutile. Tous ces embarras disparaissent par l'emploi de la méthode de déplacement.

Baumé s'est tiré de cette difficulté en employant une assez grande quantité de vin par rapport au quinquina, et en formant un sirop peu concentré qui ne marque que 30° lorsqu'il est froid. Toutefois il perd encore un quart au moins du vin employé, et aussi un quart des principes actifs du quinquina qu'il emploie. La formule qu'il a établie est bonne d'ailleurs, comme la plupart de celles qu'il nous a transmises, et mériterait d'être conservée avec la correction suivante :

℞ Quinquina en poudre demi-fine. 6 onces ou une partie et demie.
Vin de France de bonne qualité. 18 onces ou quatre parties et demie.

Versez le vin sur le quinquina placé dans l'appareil *ad*

hoc, et aussitôt qu'il sera absorbé, déplacez ce qui ne sera pas écoulé par......

Eau filtrée.......... 12 onces ou trois parties.

de manière à recueillir exactement de......

Teinture vineuse..... 20 onces ou cinq parties.

dans laquelle vous dissoudrez à froid......

Beau sucre blanc en morceaux. . 28 onces ou sept parties.

Pour obtenir de sirop marquant 32° B. à froid....

.... 48 onces (3 livres) ou douze parties.

Ainsi préparé, le sirop de quinquina au vin est un excellent produit. Toutefois nous avons cherché à utiliser plus complétement encore l'écorce destinée à cette opération, en nous rapprochant de la formule du *Codex* de 1748, qui prescrit de concentrer du sirop de quinquina à l'eau, et de le décuire avec du vin de quinquina ; mais, comme nous pouvons sans perte soumettre de suite à l'action du vin la totalité du quinquina destiné au sirop, l'opération réunie en une seule devient, par une disposition très-simple, plus exacte et plus rapide. La proportion du quinquina employée par Baumé étant au produit en sirop celle que nous avons adoptée pour le sirop à l'eau avec le plus grand nombre des formulaires, deux onces de quinquina par livre de sirop, nous adopterons également pour le sirop de quinquina au vin, pour le vin de quinquina, les mêmes doses pour les mêmes poids de chacun de ces produits, et nous ramènerons chaque formule à ne plus contenir que ses élémens naturels, le quinquina, le sucre, l'eau, le vin.

Voici cette formule qui nous semble donner un produit un peu supérieur au précédent.

♃ Quinquina en poudre demi-fine. . 4 onces ou une partie.
Vin. . . . . 9 onces ou deux parties un quart.

Versez le vin sur le quinquina placé dans l'entonnoir allongé ; lorsqu'il sera absorbé, déplacez-le par

Eau. . . . . 20 onces ou cinq parties,

de manière à recueillir d'abord :

Teinture vineuse. . . . . . . 8 onces ou deux parties ,
Puis teinture aqueuse. . . . 12 onces ou trois parties ,

avec cette eau, et avec. . . . . .

Sucre blanc. . . . . . . 20 onces ou cinq parties ,

faites un sirop concentré que vous amènerez à peser. . .

. . . . 24 onces (fort) ou six parties (fort).

Et décuisez-le, lorsqu'il sera presque froid, avec les deux parties de teinture vineuse, ce qui l'amènera à peser. . .

. . . . 2 livres ou huit parties.

Ce sirop vineux refroidi marquera comme le précédent, 32° à l'aréomètre de Baumé. Il est très-amer, transparent ; sa couleur est le rouge peu foncé.

Vin de quinquina.

Rien de plus simple que cette préparation d'après nos observations nouvelles.

On prendra :

♃ Quinquina en poudre demi-fine. . 4 onces ou une partie.
Vin (1) d'Espagne. . . . . 2 livres ou huit parties.

On versera le vin sur le quinquina légèrement tassé, en

---

(1) Pour préparer le sirop de quinquina au vin, on peut employer de bon vin de France, le produit qui en résulte à toutes les conditions de bonne qualité ou de conservation nécessaires ; mais le vin de quinquina qui est employé par petites fractions s'altérerait trop rapidement lorsque les bouteilles restent entamées, s'il était préparé avec un vin moins alcoolique que ceux d'Espagne, ou que les vins cuits de France ; nous préférons à tous, les vins de Madère ou de Kérès.

frappant sur les parois de l'entonnoir allongé destiné à le contenir ; et, aussitôt que l'écoulement s'arrêtera, on ajoutera avec précaution de l'eau pour déplacer le vin qui mouille la poudre, jusqu'à ce qu'il ait passé exactement deux livres de produit.

Les avantages de ce procédé sur l'ancien sont nombreux. Il permet d'obtenir un vin plus chargé, tout en augmentant le produit d'un tiers ou d'un quart ; il est rapide, ce qui est essentiel, si l'on veut éviter l'altération du vin ; ce mode donne immédiatement un produit limpide, ce qui dispense de le filtrer, et rend inutile l'expression du résidu ; circonstances qui prolongent d'une manière fâcheuse le contact du vin et de l'air.

Teinture alcoolique de quinquina

L'étude de cette teinture, en y appliquant la méthode nouvelle, nous présentait d'autant plus d'intérêt qu'elle se lie à celle des extraits hydro-alcooliques.

Il fallait d'abord déterminer les doses réciproques d'alcool et d'écorce, le degré aréométrique de l'alcool. L'ancien Codex indique d'employer une partie de poudre de quinquina pour trois d'alcool rectifié ; Baumé ne propose aucune formule particulière ; le nouveau Codex exige une partie d'écorce pour quatre d'alcool à 22° de Baumé ; enfin, MM. Henry et Guibourt conseillent une partie de quinquina pour huit d'alcool à 22°, tous indiquent une digestion plus ou moins prolongée à chaud ou à froid ; on voit ici comme ailleurs la variation continuelle des formules ; la réduction de la dose d'écorce dans ces dernières est fondée plus que jamais sans doute dans cette circonstance sur les pertes énormes que l'absorption de l'esprit par la poudre entraîne nécessairement. Cette perte s'élève, dans le premier cas, à un tiers au moins du produit, en suivant les manipulations ordinaires.

Quoique notre méthode mette tout-à-fait à l'abri de cet inconvénient grave, nous ne nous sommes pas fixés à la formule de l'ancien *Codex*, mais bien à celle du *Codex* de 1818, qui introduit dans la teinture de quinquina une proportion d'écorce exactement double de celle qui est prescrite pour les préparations de quinquina que nous avons déjà passées en revue. Il est bon toutefois de savoir qu'on pourrait au besoin doubler extemporanément sa force sur une prescription spéciale.

Ainsi nous avons traité par déplacement continu :

Quinquina gris (1). . . . . . 4 onces ou une partie.
Par alcool à 22°. . . . . une livre ou quatre parties.

Les premières portions de la liqueur qui s'écoulait à la base de l'entonnoir étaient noires, de consistance sirupeuse, d'une saveur excessivement amère ; celles qui suivaient perdaient successivement de la couleur et de l'amertume ; enfin, les dernières portions étaient presque sans saveur, autre que celle de l'alcool. Le quinquina retenait six onces de liqueur spiritueuse, qui, déplacées facilement par une égale quantité d'eau et réunies à la première teinture, ont été évaporées avec elle. Le tout a produit 6 gros 40 grains d'extrait sec non déliquescent, ou un peu plus du cinquième du quinquina, quantité bien supérieure à celle qui nous a été fournie par l'action de l'eau seule (4 gros pour 4 onces). Le résidu n'a plus cédé à l'eau que quelques grains de matière. Le quinquina gris qui a servi à nos premières expériences aurait sans doute cédé à l'alcool une quantité d'extrait plus considérable encore, puisque l'eau seule

---

(1) Ce quinquina gris est celui de la seconde qualité qui ne nous a fourni qu'un gros d'extrait sec aqueux par once d'écorce. Le bon quinquina gris est rare à Paris en ce moment.

avait fourni à peu près autant de produit que l'a fait l'alcool avec la nouvelle écorce.

Pour nous assurer si le degré de l'alcool était assez élevé pour dissoudre tout ce que le quinquina peut abandonner de soluble dans ce véhicule, et convenable en même temps pour enlever les parties solubles dans l'eau, nous avons répété ces opérations avec de l'alcool à 30°, et nous n'avons obtenu qu'une augmentation insignifiante sur la quantité d'extrait, en y comprenant même quelques grains de plus de matière soluble à l'eau qui restent dans le résidu.

L'une et l'autre teinture laissent déposer au bout de quelques jours une matière jaunâtre peu abondante, qui est moindre dans la teinture à 30° que dans l'autre; toutefois cette différence et celle qui existe dans le produit de chacune d'elles réduite en extrait, sont assez petites pour justifier l'emploi d'une liqueur de 22° seulement, et nous semblent prouver qu'un degré plus élevé n'aurait aucune importance à moins peut-être de l'élever beaucoup au delà.

Les mêmes essais, répétés sur le quinquina jaune, ont donné lieu aux mêmes observations, et nous ont fourni l'occasion de remarquer de nouveau combien est grande la facilité avec laquelle les principes solubles d'une poudre sont entraînés par le liquide qui la traverse, puisque les premiers produits fractionnés, lorsqu'ils sont égaux en poids à la moitié seulement de la poudre, semblent avoir tout entraîné; ils sont noirs, épais et d'une saveur excessivement prononcée. Ce qui s'écoule ensuite diminue de qualité dans une progression tellement rapide, que lorsque deux parties de liqueur ont traversé la poudre, celles qui suivent semblent n'avoir plus rien trouvé à dissoudre et passent presqu'incolores et sans amertume.

Quatre onces de quinquina jaune, que nous avons traitées par l'alcool à 22°, ont d'ailleurs fourni exactement 6 gros d'extrait sec hydro-alcoolique non déliquescent, c'est-à-dire le double de la quantité que l'on peut obtenir de la même écorce au moyen de l'eau: c'est presque le cinquième du quinquina employé.

Les 8 onces d'eau qui avaient servi à chasser l'alcool retenu par la poudre, déplacées à leur tour, n'ont donné que 10 grains d'extrait sec. L'alcool à 30° enlève au quinquina jaune quelques grains de plus que l'alcool à 22° de matières insolubles à l'eau, et quelques grains de moins de matières qui y sont solubles. Les résultats d'ailleurs, comme dans le premier cas, diffèrent trop peu des premiers pour mériter la préférence.

Ces extraits hydro-alcooliques ne paraissent-ils pas au premier abord devoir offrir l'ensemble le plus complet et le plus efficace de toutes les parties actives du quinquina, puisqu'ils entraînent et celles que l'eau peut dissoudre au moyen des acides, et celles dont elle ne peut se charger que par son association avec l'alcool? C'est là d'ailleurs ce qu'on semblerait en droit de conclure de la saveur excessivement prononcée de la teinture, et cependant nous avons éprouvé quelque étonnement en trouvant les extraits que l'on retire de l'évaporation de ces teintures alcooliques beaucoup moins amers que ceux qui résultent de l'action de l'eau. L'alcool, en doublant la quantité d'extrait, introduirait-il plus de parties inertes ou sans saveur prononcée que de matière amère? C'est ce qui a lieu sans doute, mais ce fait ne suffirait pas pour expliquer cette différence remarquable. Elle doit tenir en outre à quelque réaction particulière de l'alcool sur les élémens de l'extrait dont il serait bon de tenir compte, sur l'acide, par exemple, qu'il masquerait en partie, peut-être, en s'y combinant, et cet acide, ne favorisant plus autant la dissolution des bases végétales, cesserait d'exalter leur saveur.

Ce qu'il y a de certain, c'est que les extraits hydro-alcooliques, médicamens nouveaux que l'on a préconisés
comme supérieurs aux anciens, en se fondant sur des
idées neuves, mais incomplètes, ne doivent pas l'être
d'une manière générale, mais seulement dans quelques
cas exceptionnels; et les extraits produits par l'action de
l'eau froide pourront, dans beaucoup de cas, conserver
sur eux l'avantage. L'action de l'eau froide sur les matières végétales, que nous ne pouvons nous procurer qu'à
l'état sec, ne tend-elle pas d'ailleurs à reproduire en
quelque sorte les sucs végétaux, véritables types, vrais
modèles dont nous devons chercher à nous rapprocher,
toutes les fois que nous voulons préparer les extraits
des différentes parties d'une plante?

Dans ce cas particulier, l'extrait produit au moyen
du lavage du quinquina par l'eau froide (le sel essentiel
de Lagaraye), qui contient une proportion très-notable
de cinchonine ou de quinine dissoute dans l'acide qui-
nique, nous semble avoir quelque supériorité sur l'extrait hydro-alcoolique, au moins à poids égal, et sa ré-
putation, qui fut immense et long-temps incontestée,
était plus méritée peut-être qu'on ne le suppose généralement aujourd'hui.

*Décoction, infusion, macération de quinquina dans
l'eau.*

Ces diverses préparations, souvent prescrites dans
les formules magistrales, doivent être remplacées avec
tout avantage par le lavage du quinquina au moyen de
l'eau froide et de la méthode de déplacement continu. Il
en résultera une facilité, une promptitude très-grandes
d'exécution, un produit très-actif, parfaitement limpide
et peu coloré. La décoction du quinquina dans l'eau
prescrite pour boisson, n'offre jamais d'ailleurs qu'un

médicament rebutant, parce qu'il est toujours trouble. Filtrer cette liqueur épaisse est comme l'on sait une opération longue et sans résultat avantageux, car elle passe trouble, et se trouble ensuite de plus en plus. Le quinquina, lavé à l'eau froide, donne au contraire immédiatement un produit qui peut se conserver vingt-quatre heures sans altération.

Nous ne pouvons terminer cette discussion sans placer ici quelques considérations sur la nature du quinquina que l'on doit employer, et sur la valeur des produits qui en résultent.

Le quinquina gris (*cinchona condaminea*) fut la première espèce importée d'Amérique et long-temps la seule : aussi devint-il nécessairement officinal, et fut-il la base unique des formules adoptées dans les anciens formulaires. Plus tard, d'autres espèces furent introduites et obtinrent plus ou moins de faveur, souvent en raison de la facilité plus ou moins grande avec laquelle on pouvait se les procurer, ou des qualités supérieures qu'on leur supposait et qui les faisaient préconiser : ce qu'il y a de certain, c'est que les divers quinquinas agissent en général dans le même sens et peuvent être employés presque tous dans les mêmes circonstances avec plus ou moins de succès. Cependant, l'attention a été plus spécialement attirée depuis quelques années sur le quinquina jaune (1) calisaya (*cinchona lancifolia*), surtout de-

---

(1) Il existe une troisième espèce de quinquina qui est fort estimée, mais peu usitée sans doute à cause de son prix élevé.

C'est le quinquina rouge (*cinchona oblongifolia*); voici comment MM. Pelletier et Caventou s'expriment à son sujet, *Journ. de Pharm.*, tom. VII, pag. 91 :

« Nous avons obtenu du quinquina rouge de la cinchonine parfaitement cristallisée ; mais elle était en quantité trois fois plus forte pour un poids donné des deux écorces. »

« Le quinquina rouge contient en outre de la quinine, dont la quantité est double en poids de celle qui est fournie par une égale quantité de quinquina jaune. »

puis la découverte de la quinine qui s'y trouve en proportion
beaucoup plus considérable que dans la plupart des autres
espèces ; déjà même son amertume très-prononcée l'avait
fait distinguer et préférer par quelques praticiens.
Toutefois, l'expérience a prouvé que si la quinine est le
principe le plus puissamment fébrifuge que contiennent
les quinquinas, la cinchonine fournie par le quinquina
condaminea possède aussi des propriétés fort actives ;
mais si le quinquina jaune, sous un même poids, fournit
plus de quinine que le gris de cinchonine, d'un autre
côté la quantité d'extrait aqueux fournie par le quinquina
gris est presque double de l'autre, et les corps accessoires
ne sont sans doute pas inertes.

Sans trancher la question de préférence entre ces deux
espèces, nous nous croyons fondés à établir la distinc-
tion suivante :

Toutes les fois que l'on voudra employer un médicament sûr et puissant, les préparations qui auront pour
base le quinquina jaune nous semblent devoir mériter la
préférence. Toutes les fois que l'on aura affaire à des con-
stitutions délicates, ou que l'on recherchera simplement
un tonique doux, ou que l'on redoutera la trop énergique
saveur du quinquina jaune, il sera préférable de recourir
au quinquina gris ; ce dernier a sur l'autre l'avantage d'une
amertume beaucoup moins prononcée, sans que son effi-
cacité semble diminuée dans la même proportion. Il serait
donc très-important que les médecins spécifiassent leur
intention sous ce point de vue, et il deviendrait d'autant
plus facile d'exécuter leurs prescriptions, que l'une quelconque de ces préparations peut être exécutée aisément
au moyen du déplacement dans l'espace d'une ou deux
heures : toutes d'ailleurs sont dignes de l'attention des
praticiens à un haut degré. Trop négligées en général
dans ces dernières années, elles n'en ont pas moins rendu
d'éminens services aux médecins, qu'une longue et saine

expérience a mis en garde contre l'abus des innovations, et qui savent mettre à profit les progrès de la science, sans écarter d'une manière absolue les moyens auxquels ils ont dû des succès dans une foule de circonstances.

Quinine. — L'application de la méthode de déplacement à l'extraction de la quinine, soit pour le lessivage du quinquina par une eau acidule, soit pour l'extraction de la quinine du précipité calcaire résultant des opérations subséquentes, nous paraît l'une des plus importantes qui découlent de ce mémoire; nous l'avons essayée avec succès. Ainsi, par exemple, quatre à cinq livres d'eau animée d'un cinquantième d'acide hydrochlorique ont dépouillé complétement de quinine une livre de quinquina calisaya. Les deux premières livres de liqueur déplacée contenaient presque la totalité de la quinine, le reste n'était que faiblement amer, et le résidu ne conservait aucune saveur.

Nous avons enlevé également la quinine au précipité calcaire recueilli et desséché, en le mouillant d'abord avec de l'alcool chaud, et en procédant ensuite au déplacement dans un appareil couvert, d'abord par une quantité suffisante d'alcool, ensuite par de l'eau pour retirer la portion d'alcool qui reste ordinairement et se perd dans le résidu. Cette opération réussit plus facilement, à cause de la ténuité de la matière, en la mêlant avec une certaine proportion de sable lavé ou de charbon animal en poudre grossière qui opère déjà la décoloration. L'immense avantage de cette application se trouve dans l'économie de cette partie de l'alcool encore chargé de quinine que retiennent les résidus. Cette perte représente une valeur considérable dans la fabrication en grand du sulfate de quinine.

Nous voulions donner ici des notions précises sur l'extraction de la quinine en lui appliquant le nouveau mode ; isam des essais nombreux que nous avons entrepris eus-

sent retardé la publication de ce mémoire, déjà long et
volumineux, malgré nos efforts pour l'abréger. Nous
aurons d'ailleurs mille occasions de revenir sur un sujet
qui nous paraît si fertile en applications. Citer celles qui
se présentent en foule à l'esprit serait beaucoup trop res-
treindre la question. Aussi les indiquerons-nous seulement à mesure que nous pourrons appuyer nos prévisions
d'expériences concluantes.

Par ces mêmes motifs, nous ne traiterons pas encore ici
des teintures éthérées qui ont dû attirer immédiatement
l'attention des praticiens, à cause de la valeur du véhicule
qui leur sert de base et de la perte que fait éprouver leur
préparation. Nous reviendrons sur cet objet dans ses
applications étendues à l'analyse végétale.

Conclusion.

Il résulte des faits et des discussions exposés dans ce
mémoire et dans celui qui le précède :

*Sous le rapport des procédés mécaniques et des mé-
thodes :*

1°. Que le filtre-presse de M. Réal, appareil considéré
comme le seul qui permette d'obtenir, avec de petites
proportions d'eau, une quantité d'extrait supérieure à
celle qui est fournie par d'autres méthodes, ne doit pas
sa supériorité à la haute pression, mais à ce qu'il permet
d'extraire jusqu'à la dernière goutte la liqueur qui mouille
une poudre, et par conséquent de recueillir la totalité
des produits.

2°. Que la presse est incapable de produire ce résultat, quelle que soit la quantité d'eau qu'on emploie.

3°. Que la colonne d'eau élevée, proposée par M. Réal
pour agir sur la poudre, rend l'appareil peu susceptible
d'applications et n'offre d'autre avantage que de rendre
l'opération plus rapide.

4°. Que si l'on verse, sur une poudre saturée d'eau et placée sur un entonnoir, une nouvelle quantité de ce liquide, sans ajouter aucune pression particulière, la seconde liqueur chasse la première sans s'y mêler, et s'y substitue jusqu'à la dernière goutte, aussi bien que dans le filtre-presse.

5°. Que tous les liquides se déplacent mutuellement, quelle que soit leur densité relative, en offrant toutefois dans leur action mutuelle des différences qui résultent de leur nature réciproque.

6°. Que le filtre-Réal, moins la pression, n'est autre chose que la cafetière à la Dubelloy, appareil simple qui atteint parfaitement le but qu'il se propose.

7°. Que cet appareil doit être pris pour modèle dans les opérations de laboratoire ou des arts, et que les pharmaciens en particulier tireront de son emploi des avantages certains, soit qu'ils le prennent tel qu'il est, ou mieux, qu'ils l'imitent avec de simples entonnoirs étroits, cylindriques supérieurement, coniques à la base, et posés sur des récipiens convenables, en faisant varier les dispositions et la capacité, suivant la nature des liquides à recueillir.

8°. Que le déplacement immédiat et continu, appliqué à de faibles quantités de liqueurs, devra être généralement adopté dans ce genre d'opérations ; car les premiers produits sont excessivement concentrés, et la force de ceux qui suivent décroît dans une proportion extrêmement rapide.

Relativement au quinquina et à ses préparations :

1°. Que le quinquina abandonne une plus grande quantité de principes solubles à l'eau froide qu'à l'eau bouillante dans les limites du Codex actuel.

2°. Que 6 parties d'eau froide peuvent enlever à cette écorce tout ce qu'elle peut céder à cet agent, et qu'on n'obtient pas plus de produit en employant 10 parties d'eau, comme le prescrit le *Codex*, ou 4o, comme le veut Lagaraye.

3°. Que le quinquina gris, de bonne qualité, fournit par l'action de l'eau un sixième de son poids d'extrait sec soluble; et le quinquina jaune, du dixième au onzième du sien, d'un extrait sec qui se dissout plus difficilement.

4°. Qu'une macération préalable, ainsi que le prescrivent tous les formulaires, est complétement inutile; et qu'on obtient immédiatement la totalité du produit en lavant le quinquina par déplacement continu, ce qui est vrai sans doute pour le plus grand nombre des substances.

5°. Que les procédés indiqués dans la plupart des formulaires ont le grave inconvénient d'occasioner une perte plus ou moins considérable, qui varie en raison de la quantité d'eau employée, et qui ne peut être évitée que par l'emploi de la méthode de déplacement, la seule qui fournisse un procédé vraiment analytique.

6°. Que le sirop de quinquina à l'eau doit, par suite de ces faits mêmes, être plus chargé de parties actives, lorsqu'il est fait au moyen du lavage extemporané du quinquina à froid, que lorsqu'on traite l'écorce par la décoction ou l'infusion, d'après le procédé du *Codex* de 1818 ou celui qui est proposé par MM. Henry et Guibourt.

7°. Que la décoction donne d'ailleurs un sirop très-coloré, trouble, et le lavage à froid un sirop limpide et presque sans couleur.

8°. Que les formules suivies pour la préparation du sirop de quinquina au vin entraînent des pertes considérables, ou donnent un produit doué de peu d'activité.

9°. Qu'on peut obtenir un sirop de quinquina au vin, très-chargé, au moyen de la méthode de déplacement continu, appliquée, soit au procédé de Baumé, soit à celui du *Codex* de 1748.

10°. Qu'il serait important de préparer, dans les mêmes

proportions et d'une manière uniforme, les sirops de quinquina à l'eau, au vin et le vin de quinquina, c'est-à-dire à
raison de deux onces de quinquina par livre de produit,
et d'après les formules, pour ainsi dire mathématiques,
qui sont basées sur la méthode de déplacement.

11°. Que la teinture de quinquina, préparée par le procédé du *Codex*, donne une perte d'un quart dans les
produits.

12°. Que ce motif sans doute a engagé quelques praticiens à réduire la dose du quinquina prescrite par le *Codex*, mais à tort, puisqu'on peut obtenir la totalité du
produit par la méthode de déplacement.

13°. Que l'alcool à 22° est le plus convenable pour préparer la teinture de quinquina.

14°. Que les extraits hydro-alcooliques de quinquina,
jaune ou gris, beaucoup plus abondans que les extraits
aqueux fournis par la même dose d'écorce, sont beaucoup
moins amers que ceux-ci, et sans doute aussi moins actifs
à poids égaux.

15°. Que les extraits aqueux faits à froid par la méthode de déplacement continu, particulièrement le sel es-
entiel de Lagaraye, sont d'excellens produits, peut-êtres
trop négligés.

16°. Que la décoction, l'infusion ou la macération de
quinquina doivent être remplacées par le lavage du quinquina à l'eau froide, en suivant la méthode de déplacement
continu.

17°. Qu'il importerait que les médecins spécifiassent
dans leurs formules s'ils veulent le quinquina gris ou
le jaune; et qu'il serait facile de les satisfaire immédiatement, puisque l'une quelconque de ces préparations
peut être exécutée de toutes pièces en moins de deux
heures.

18°. Que la méthode de déplacement sera d'une application très-importante pour l'extraction de la quinine, et

pourra être appliquée à beaucoup d'autres produits, pour lesquels de nouvelles expériences deviennent nécessaires, en offrant l'occasion d'établir leurs formules sur des bases plus exactes.

CONSIDÉRATIONS NOUVELLES

Sur la méthode de déplacement. Applications particulières au Ratanhia et au Gayac. Appareils.

TROISIÈME MÉMOIRE.

Après avoir envisagé dans un premier mémoire la question du déplacement sous le point de vue théorique, nous avons cherché dans celui qui le suit à faire apprécier par un exemple saillant et pratique quelles ressources la pharmacie devait tirer de ce procédé simple et précis. En discutant le sujet sous toutes les faces qu'il peut offrir, en y pénétrant avec une attention soutenue, nous avons eu pour but de montrer à la fois les avantages multipliés qu'on peut en attendre et la scrupuleuse persévérance que réclament de semblables travaux pour mériter le suffrage des praticiens et produire des résultats définitifs.

On comprendra sans peine que l'application de la méthode de déplacement à chaque substance demande une étude spéciale et approfondie : en effet, telle manipulation qui est propre à l'une d'elles peut ne pas convenir à une autre, ce n'est que l'expérience qui doit en décider : toutefois, nous sommes fondés à dire qu'un grand nombre de corps, ceux même qui sembleraient devoir se plier difficilement à notre méthode, peuvent en recevoir l'application en variant le mode. Une main adroite, soigneuse par-dessus tout, en tirera de très-bons résultats ; elle peut échouer au contraire, même avec les corps les plus faciles à laver, si elle est inhabilement employée.

Ainsi, par exemple, la gentiane se gonfle tellement lorsqu'on la mouille avec l'eau, donne une liqueur si épaisse, que l'écoulement en est presque impossible. Exprime-t-on cette première teinture, le résidu devient très-facile à lessiver : l'alcool faible, le vin, traversent beaucoup mieux la gentiane. Une première eau de lavage gonfle la squine au point de faire pâte avec elle ; la seconde ne produit plus le même effet. La rhubarbe en poudre fine est difficilement lavée au moyen de l'eau, parce qu'elle augmente considérablement de volume. Avec une poudre plus grossière, le déplacement est facile, et le lavage parfaitement exact à cause de la porosité de la matière. L'ipécacuanha donne lieu à des remarques plus ou moins analogues.

Notre but, en gardant pendant quelque temps le silence sur un sujet aussi fécond en applications, a été de laisser carrière à la discussion, et d'attendre que des expériences faites par d'autres que par nous vinssent confirmer ou infirmer nos idées. Nous croyons que l'épreuve leur a été favorable, et il nous paraît démontré que nous ne présumions pas trop de la méthode de déplacement en présageant qu'elle deviendrait habituelle entre les mains des pharmaciens ; un grand nombre de praticiens en ont senti de suite l'utilité et compris l'importance.

M. Soubeiran, des premiers, a reconnu comme nous combien elle peut être avantageuse dans la préparation des teintures éthérées, et souvent dans ses cours il en a indiqué quelqu'application.

M. Simonin nous apprend que le ratanhia, la salsepareille, se prêtent à merveille à ce mode de lessivage, et cèdent leurs principes solubles à de petites quantités d'eau ainsi dirigées.

M. Félix Boudet a appliqué avec succès ce moyen à la préparation de l'huile de fougère.

M. Buchner fils nous a assuré l'avoir mis à profit pour fabriquer diverses résines, telles que celle de jalap.

Dans une note fort bien discutée sur l'emploi de l'écorce de la racine de grenadier, M. Dublanc jeune propose une application de ce procédé que nous croyons utile. Il a, comme nous, observé et fait voir par un exemple frappant combien est grande la quantité de matières qu'une petite proportion d'eau peut dissoudre, lorsqu'elle traverse par un effet continu une longue colonne de poudre soumise à son action dans un vase unique ou dans plusieurs vases successifs.

M. Pelletier, depuis nos premiers mémoires, a mis habituellement à profit notre méthode dans son laboratoire pour obtenir des liqueurs très-chargées de principes actifs sous un petit volume.

Enfin, on nous a dit que ce procédé avait été appliqué depuis quelque temps avec beaucoup de succès au lavage et à l'épuisement des bois de teinture. Nous ne pouvons nous empêcher de rappeler encore ici que la découverte récente du tannin pur par M. Pelouze est due à un véritable fait de déplacement.

Quoique chaque jour nous donne lieu de faire quelqu'application nouvelle de ces idées, notre projet n'est pas de les indiquer toutes, ce qui formerait une nomenclature fastidieuse et une répétition habituelle des mêmes procédés : nous ne ferons connaître que les objets saillans qui pourraient nous frapper, réservant le reste de nos matériaux pour former les chapitres d'un traité de pharmacie raisonnée dont nous jetons les fondemens : tâche pénible que le temps seul nous permettra sans doute d'accomplir.

Aujourd'hui nous insisterons encore sur le fond même du sujet par de nouveaux exemples qui viennent appuyer les idées que nous avons émises, et nous choisirons les corps qui ont donné lieu à de récentes publications.

Ratanhia.

Le ratanhia ou la racine du *krameria triandra* est une des substances sur lesquelles notre attention a dû être attirée par des considérations de plus d'un genre. Introduit depuis vingt ans à peine dans la matière médicale, le ratanhia a offert à la médecine un astringent précieux par sa puissance anti-hémorrhagique et par son innocuité. Mais par cela même que son usage est récent, les formules des préparations pharmaceutiques qu'il est utile de lui faire subir ne sont point encore arrêtées et demandent à l'être. Le Codex n'a fait mention que de l'extrait, et l'a prescrit de manière à prouver que l'étude de cette racine était alors peu avancée. La décoction, l'extrait par l'eau bouillante ou par l'alcool faible, le sirop fait au moyen de la décoction ou de l'extrait de la racine sont les modes principaux sous lesquels on en a essayé l'emploi; et si tous ont été usités avec un succès non douteux, quoiqu'ils ne soient ni les plus avantageux ni les plus rationnels, c'est qu'ils n'arrivaient jamais à dénaturer complétement la matière : mais il y a moyen de mettre mieux à profit les propriétés de cette racine, et de suivre dans l'exécution des médicamens offerts par le ratanhia une méthode plus convenable. Sans reproduire ici la discussion si nette et si judicieuse que M. Soubeiran a établie sur le même sujet, et que nous pourrions toutefois invoquer en faveur des applications que nous allons offrir (1), nous nous bornerons à dire que le ratanhia con-

---

(1) Journal de hPharmacie, tom. XIX , page 526.

tient essentiellement : 1°. une matière astringente soluble
à froid et à chaud (*tannin*) ; 2°. une matière colorante
(*apothème*) soluble à chaud par elle-même ou à l'aide
des corps auxquels elle est associée, insoluble à froid à
moins d'être retenue en petite quantité par le tannin, insipide, sans astringence. Il résulte de ces données seules
que l'extrait est d'autant plus actif sous un même poids
qu'il est plus soluble.

Mais la propriété la plus essentielle à noter ici pour
nous, c'est l'altération rapide et profonde que subit au
contact de l'air, et pendant l'évaporation, une liqueur
chargée des principes du ratanhia, même lorsqu'elle a
été obtenue parfaitement transparente. Cette altération,
qui y fait naître un abondant dépôt, est d'autant plus
grande que la quantité d'eau à évaporer est plus abondante
elle-même, et par conséquent le contact de l'air et du feu
plus prolongé. Elle augmente aussi en raison de la durée des macérations par cette cause, et par une autre
que M. Soubeiran a signalée à juste titre ; c'est que la
fibre végétale, le ligneux du centre de la racine qui est
blanc par lui-même se teint à chaud et même à froid aux
dépens de la matière soluble, s'en sature en quelque
sorte en en diminuant notablement la proportion.

Si nous pouvions arriver à réduire autant que possible
la quantité des liqueurs à employer, la durée de leur contact avec le ligneux même, celle de leur évaporation, nous
aurions atteint, ce nous semble, la limite de perfection à
laquelle il nous soit permis d'aspirer. C'est là ce que peut
la méthode de déplacement, elle seule ; et nous allons
chercher à le prouver.

Le travail de M. Soubeiran n'eût laissé rien à dire s'il
eût appliqué lui-même dans ses essais sur le ratanhia ce
procédé de lessivage. M. Simonin a voulu depuis com-
bler cette lacune, et ses résultats ont démontré que le lavage du ratanhia par déplacement et par des quantités

de véhicule peu considérables réussit parfaitement à dé-
pouiller cette racine de ses principes solubles ; mais trop
timide encore dans l'application, M. Simonin n'a pas cru
pouvoir se dispenser des macérations préalables, sans
doute parce que le ratanhia, par sa dureté, semble devoir
être difficile à attaquer. Opérons donc par divers procédés pour que l'expérience nous dirige elle-même
dans le choix que nous avons à faire ; mais établissons
d'abord comme un fait, que le ratanhia nous parvient
généralement en très-bon état par la voie du commerce,
et qu'on obtient les mêmes résultats toutes les fois qu'on
choisit des racines alongées, peu volumineuses, et munies
de nombreuses radicules. Nous sommes fondés à le dire ;
car des essais faits il y a dix-huit mois comme hier, sur
des matériaux tirés de diverses sources, et répétés jusqu'à trois fois, ont fourni des résultats que nous pouvons
déclarer identiques.

Agissons sur une partie de ratanhia (1) (une livre), et
suivons d'abord le procédé du Codex. Laissons la poudre
macérer pendant plusieurs jours dans quatre parties
(4 livres) d'alcool à 22° : puis décantons, filtrons, distil-
lons la liqueur, déplaçons même celle qui est retenue par
le marc pour la réunir à la première ; le poids du produit
extractif total complétement desséché sera du quart au
cinquième (29 gros) de celui de la racine employée.

Jetons au contraire la poudre sur un entonnoir, lessi-
vons-la immédiatement par déplacement continu avec la
même quantité d'alcool, et nous aurons un produit
plus abondant, dont le poids formera du tiers au quart
(38 gros par livre) de celui de la racine. Cet extrait contient presque les deux tiers de son poids de parties insolubles dans l'eau, il ne correspond donc par livre de ra-

(1) Dans toutes les opérations, le ratanhia a été employé en poudre
grossière et pulvérisé sans résidu

cine qu'à 13 gros environ d'extrait supposé parfaitement soluble.

Nous remarquerons d'ailleurs, 1°. que le résidu de la macération reste obstinément teint en rouge, tandis que la poudre qui a subi un lavage immédiat est par-là même à peu près décolorée; 2°. que les premières portions de liqueur qui découlent lorsqu'on opère par déplacement sont d'une couleur excessivement intense, et d'une densité qui prouve à quel point elles sont saturées, tandis que les dernières n'offrent plus qu'une teinte extrêmement faible; c'est-à-dire qu'on pourrait obtenir une quantité de produits sensiblement égale avec beaucoup moins de véhicule.

Il est sans doute inutile d'ajouter qu'en suivant à la lettre le procédé du Codex nous n'aurions obtenu que les $\frac{3}{4}$ du produit que nous avons accusé plus haut; car l'expression des matières donne au plus trois parties de teinture pour quatre parties d'alcool employé.

L'action de l'eau nous offre des phénomènes du même ordre. Traité par l'eau bouillante et par déplacement immédiat et continu jusqu'à ce qu'on ait recueilli quatre parties de teinture aqueuse, le ratanhia fournit presque le cinquième de son poids d'extrait sec (25 gros par livre), cet extrait contient moitié environ de son poids de parties solubles (12 gros sur 25).

Si l'on fait bouillir au contraire une partie de ratanhia (une livre) dans quatre parties (quatre livres) d'eau, qu'on jette le tout sur un entonnoir pour laisser écouler la liqueur trouble qui baigne la poudre, déplace-t-on même par l'eau bouillante celle qui y adhère jusqu'à ce qu'on ait recueilli quatre parties de teinture, le produit en extrait sec n'est que le sixième du poids de la racine employée (21 gros par livre), encore ne contient-il pas la moitié de son poids de parties solubles (9 gros et demi sur 21). En répétant la décoction avec une quantité d'eau nouvelle et égale à la première, on obtient encore 10 gros environ d'extrait sec bien moins soluble que le précédent. On peut donc extraire du ratanhia, au moyen de deux décoctions, 31 gros d'extrait contenant 12 gros et demi de matière soluble, mais en employant le double de la quantité d'eau indiquée dans les précédens essais.

L'infusion faite avec quatre parties de véhicule fournit en extrait sec plus du huitième du poids de la matière employée (17 gros par livre); mais cet extrait, qui n'est pas déliquescent, contient plus d'un sixième de parties insolubles. Le produit réel en extrait sec n'est donc dans cette circonstance qu'environ la neuvième partie de la racine (13 gros et demi par livre).

Lessive-t-on enfin le ratanhia au moyen de l'eau froide sans macération préalable de manière à recueillir quatre parties de produit, la liqueur amenée à l'état d'extrait sec en fournit plus du neuvième du poids de la racine (14 gros par livre), en faisant abstraction d'un quinzième environ de matières insolubles qu'il retient. La solution de cet extrait, qui est déliquescent, est d'ailleurs moins colorée et moins prompte à se troubler que celle qui résulte de l'extrait obtenu par macération.

Cherchons maintenant à pénétrer plus avant dans le phénomène. Fractionnons le produit, dissséquons-le en quelque sorte, la méthode de déplacement le permet, elle nous apprendra s'il y a moyen d'obtenir sans perte notable un extrait complétement soluble, si d'aussi fortes proportions de véhicule sont indispensables; elle nous marquera le moment précis où l'altération commence, celui où il faut s'arrêter.

Supposons, pour préciser les idées, que l'on opère sur une livre de ratanhia. Plaçons la poudre dans une alonge de verre, et ne la laissons arriver que jusqu'à la naissance du col en lui fermant le chemin par une étoupe ou du coton cardé : couvrons d'eau froide la partie supérieure, et suivons attentivement la marche du liquide. Les premières gouttes sont troublées par une matière d'un rouge clair qui ne tarde pas à se déposer : mais bientôt la liqueur tombe limpide, épaisse, visqueuse; sa nuance est rougeâtre, jaunâtre, peu intense. Recueillons-en dix onces, évaporons-les après les avoir séparées par décantation du dépôt qui s'attache au fond des vases, et nous obtiendrons sept gros d'un extrait sec, rougeâtre, transparent, semblable à la plus belle gomme laque, déliquescent, complétement soluble. Les dix onces qui suivent présenteront à peu près le même aspect, et donneront seulement quatre gros et demi d'un extrait identique. Six à huit onces encore offriront peu de différence dans la nuance, mais bien dans la densité. Un gros et demi d'extrait soluble, tel sera le fruit de leur évaporation.

Au delà la nuance change, palle au rouge vif, et l'extrait cesse d'être complétement miscible à l'eau. On peut encore, en recueillant une quantité de liqueur égale à la somme de celles qui précèdent, obtenir environ deux gros d'extrait; mais l'évaporation la trouble même lorsque l'on fractionne, et le produit, qui n'est plus soluble qu'à moitié, serait négligé avec avantage. Toutefois, on pourrait arriver à obtenir ainsi 14 gros d'extrait soluble par livre de racine.

Ces faits ne conduisent-ils pas d'une manière évidente aux conséquences suivantes :

1°. Les extraits de ratanhia, préparés par décoction dans l'eau ou par infusion dans l'alcool, quoique plus abondans que l'extrait aqueux fait à froid par déplacement, sont moins riches que lui en parties solubles dans l'eau, et véritablement actives.

2°. Le ratanhia peut être dépouillé de toutes ses parties vraiment solubles au moyen de l'eau froide, en n'employant pour le faire qu'une partie et demie de véhicule. c'est la proportion strictement nécessaire pour mouiller complétement la poudre, et cette quantité ne pourrait en être extraite par toute autre méthode.

3°. Toute macération préalable est inutile, nuisible même, ce qui doit paraître remarquable vu la nature de la racine; nous y trouvons la confirmation de ce que nous avons observé déjà sur le quinquina, et nous y puisons l'espérance que ce fait aura quelque généralité.

4°. La méthode de déplacement, en réduisant autant que possible les quantités de véhicules à évaporer, en indiquant les proportions strictement nécessaires, permet d'obtenir un extrait de ratanhia aussi ménagé que possible, complétement soluble.

5°. L'extrait aqueux soluble est le seul qui mérite d'être adopté dans l'usage médical, en tenant compte de son activité supérieure à celle des extraits obtenus par toute autre méthode. C'est sans contredit un médicament beaucoup plus fidèle que tous les autres; et il serait bon que les médecins prissent l'habitude de le prescrire sous la désignation d'extrait aqueux soluble de ratanhia.

Depuis quelques années, nous avons vu fréquemment prescrire le sirop de ratanhia. Aucune formule publiée n'en indique les proportions ni le mode. La préparation de ce sirop était nécessairement entachée des inconvéniens que nous avons mentionnés; la décoction ou l'infusion de la racine exigeaient comme pour l'extrait de longues évaporations, ou le sirop était peu chargé de parties actives. Aussi avait-on généralement recours à l'extrait préparé à l'avance pour le confectionner.

Tous ces défauts disparaissent en mettant à profit les remarques que nous venons de faire, et le sirop de ratanhia dont l'importance, comme préparation officinale, était presque nulle, peut devenir par-là même un produit très-précieux. C'est qu'il est possible, au moyen des liqueurs concentrées fournies par notre méthode et d'une évaporation qui se trouve réduite aux limites les

plus étroites , de l'amener à être assez chargé des principes de la racine pour qu'il devienne, même à petite dose,
un médicament actif; il offre alors le moyen le plus sûr
de préparer et conserver sans altération les mêmes principes.

Ainsi l'on arrive à former presque de suite un sirop
dont chaque once contient l'équivalent d'un demi-gros
d'extrait soluble supposé sec (1) , et dont la force doit être
parfaitement en harmonie avec les indications que ce remède est appelé à remplir. Nous établissons sa formule
de la manière suivante :

Sirop de ratanhia à un demi-gros (2). — Ratanhia de
bonne qualité en poudre grossière, *une livre ou* 16 *parties.*

Versez la poudre dans un vase en forme d'alonge de
trois pouces de diamètre environ , dans la plus grande
partie de sa longueur; recouvrez d'eau froide et mainte-
nez-en la surface de la poudre baignée, jusqu'à ce que
vous ayez recueilli de *liqueur* 26 *onces ou* 26 *parties.*

Laissez déposer pendant quelques heures, décantez,
et faites fondre à chaud *sucre* 15 *onces ou* 16 *parties ;*
portez au bouillon , et amenez ce produit au poids de
26 *onces ou* 26 *parties ou à* 30° *boulllant.*

Cette dose de sirop contiendra les élémens solubles
d'une livre de ratanhia , ou de treize gros de notre extrait. Chaque once correspondra à un demi-gros d'extrait
soluble.

Sirop de ratanhia à un gros. — Si l'on voulait obtenir
sous cette forme un médicament énergique, on pourrait
doubler la force du sirop, et l'amener à représenter par
once les élémens d'un gros d'extrait soluble de ratanhia.

---

(1) Il est bon d'insister sur la remarque suivante: c'est qu'un demi-
gros d'extrait soluble correspond à un gros et demi d'extrait hydro-
alcoolique du *Codex.*

(2) Il est important que les médecins qui voudront prescrire l'un ou
l'autre de ces sirops adoptent ces expressions.

Il faudrait alors faire avec la liqueur et seulement sept onces de sucre treize onces de sirop cuit à 30°; mais l'évaporation deviendrait réelle, et l'action du feu prolongée. Toutefois, quoique le produit paraisse être lui-même dans le meilleur état, il ne semble pas utile de l'amener habituellement à un aussi haut degré de puissance : c'est ce que l'expérience décidera.

Teinture de ratanhia. — La teinture de ratanhia, comme la plupart des teintures alcooliques, peut être obtenue par ce procédé d'une manière merveilleusement rapide et exacte. Nous saisissons cette occasion pour indiquer une légère précaution qui donne toute sécurité pour la bonne qualité du produit. Toutes les fois qu'on se propose de déplacer un liquide pour un autre de nature différente, soit l'alcool par l'eau, il est à propos, pour éviter tout mélange, d'interposer une ou deux onces de liquide semblable à celui qui est déplacé et que l'on néglige de recueillir.

Décoction. — On voit par ce qui précède que le lessivage immédiat de la poudre de ratanhia, au moyen de l'eau froide, offre un avantage incontestable sur la décoction ou la macération, soit pour l'activité du produit, soit pour son aspect.

Gayac.

Le gayac, sans offrir à la médecine des ressources aussi précieuses que le ratanhia, mérite ici une mention spéciale par la netteté des résultats qu'il nous a offerts dans l'application de notre méthode sur la valeur de laquelle cet article, comme les deux qui précèdent, a pour but de fixer les idées.

Extraits. — M. Soubeiran (1) établit avec raison que

(1) Bulletin de thérap., tom. VI, pag. 25;

l'extrait de gayac fait par décoction est à la fois plus abondant et plus résineux que s'il était obtenu par macération ou par infusion. La décoction étant prescrite par le *Codex*, il faut s'en tenir à ce mode, en faisant observer toutefois qu'on peut diminuer l'énorme quantité d'eau prescrite sans réduire celle du produit, mais bien les chances d'altération pendant l'évaporation. On fait la décoction avec la moindre quantité d'eau possible ; mais, au lieu de porter la masse à la presse, on la jette sur des entonnoirs, et on opère le déplacement par de l'eau bouillante. La liqueur évaporée fournit, par livre de gayac, quatre gros d'extrait d'une consistance ferme et pilulaire, ou un trente-deuxième du poids du gayac employé.

En admettant l'opinion de M. Soubeiran, qui établit que l'extrait de gayac a d'autant plus de valeur qu'il contient une proportion plus grande de résine, on serait porté à penser que l'extrait alcoolique devrait être préférable à tout autre. Nous avons dirigé nos recherches dans ce sens, et nous allons, sans conclure, en donner les résultats. Ils sont remarquables en eux-mêmes, et en ce qu'ils montrent avec quelle rapidité et quelle perfection le dépouillement de cette poudre est obtenu au moyen de l'eau alcoolique comme de l'alcool.

Lorsqu'on verse sur une partie de gayac, *soit une livre*, trois parties d'alcool à 35° bouillant, ou *trois livres* pour recueillir la totalité en trois fractions égales, le premier produit est très-foncé, le second n'a qu'une teinte ambrée, le troisième est sans couleur.

Les premières portions d'alcool qui traversent la poudre ont une consistance comparable à celle du blanc d'œuf, et plus grande encore. Leur nuance brune est mêlée de jaune et même de vert. La teinte de ce qui suit décroît à vue d'œil comme la densité. Cette liqueur acquiert par l'évaporation une consistance visqueuse, et l'on a peine à dessécher complétement le produit ; on y parvient toutefois, et son poids s'élève alors au septième de celui du gayac employé, ou au cinquième s'il est seulement amené à la consistance pilulaire ; c'est-à-dire qu'*une livre d'alcool faible* qui a traversé *une livre de gayac* en poudre, donne *deux onces deux gros d'extrait sec*, ou *trois onces trois gros* s'il n'est que pilulaire.

Le second produit, ou la *seconde livre*, ne contient plus que *vingt-quatre grains d'extrait sec*, et *la troisième aucune quantité appréciable*. Ces résultats parlent d'eux-mêmes et ne demandent pas d'interprétation.

La même expérience, répétée avec l'alcool a 30°, a fourni, pour *une livre de gayac* :

Premier produit, *deux onces six gros et demi d'extrait pilulaire*. Deuxième produit, *quarante-huit grains*. Troisième produit, *quantité inappréciable*.

La première liqueur était plus foncée, mais le produit moins visqueux, plus résineux peut-être qu'avec l'alcool faible, enfin moins abondant.

Les propriétés physiques des extraits aqueux et hydro-alcoolique de gayac diffèrent essentiellement. L'extrait fait par décoction dans l'eau est noir, un peu déliquescent : son odeur est extrêmement suave et se rapproche de celle de la vanille ; l'autre est brun, devient cassant au bout de quelque temps, et semble moins aromatique quoique beaucoup plus résineux.

Résine. — L'alcool faible à 25° paraît enlever au gayac toutes ses parties solubles, soit dans l'eau, soit dans l'alcool. L'extrait hydro-alcoolique offrirait-il quelques applications utiles, serait-il préférable à l'extrait aqueux qui lui est si inférieur en quantité s'il était administré à sa place à une dose égale ou proportionnellement augmentée? C'est ce que l'expérience seule peut apprendre. On peut établir toutefois qu'il remplacerait avec avantage dans les pharmacies la résine de gayac, que le commerce offre rarement identique et presque toujours altérée. La quantité d'alcool à employer pour préparer ce produit, devenant très-peu importante au moyen de notre méthode, n'en élèverait pas le prix de manière à rendre ce procédé inapplicable.

Teinture. — On voit par ce qui précède combien la teinture de bois de gayac devient facile à préparer, et avec quel avantage elle le sera en y appliquant notre méthode.

Appareils.

Nous avons établi dans notre premier mémoire que la simplicité des vases qui peuvent servir à opérer le déplacement est l'un des mérites de notre méthode. Il ne se présente en effet que peu de circonstances où l'on soit tenu à des précautions particulières; avant d'en dire un mot ici, cherchons à résoudre une question qui tient plus immédiatement au fond du sujet. Quelle est la forme la plus convenable à donner aux vases pour opérer le lessivage avec le moins de véhicule possible comme pour obtenir un déplacement exact; ou, en d'autres termes, l'effet sera-t-il plus complet dans un vase cylindrique que dans un vase conique?

Une note de M. Geiger, qui se trouve insérée à la suite de la traduction de notre premier mémoire (*Annalen der Pharmacie*), nous porte à revenir sur ce sujet, soit par la crainte de n'avoir pas été parfaitement compris, ou parce qu'il nous semble d'une grande importance que la question soit nettement établie.

« Ce qui est écrit dans ce mémoire sur l'action de la » presse de Réal, dit M. Geiger, est connu depuis long- » temps en Allemagne, et j'ai dit il y a dix-sept ans, dans » un petit écrit intitulé : *De la Presse à dissolution de* » *Réal*, etc. . . . . Heidelberg, 1817, ainsi que dans mon » Manuel de Pharmacie, *que c'est un intrument parfait*

» *pour épuiser complètement les substances avec la*
» *moindre quantité possible de liquide dissolvant.* — Que
» d'ailleurs la presse de Réal soit inutile, et qu'un enton-
» noir puisse la remplacer, c'est ce que je ne crois pas ; d'a-
» bord la forme de l'entonnoir n'est pas aussi favorable à
» l'extraction que la forme cylindrique ; le liquide qu'il faut
» verser sur la substance occupe d'autant plus d'espace,
» que l'on approche davantage de la partie supérieure,
» de telle sorte que sa base présente une surface moindre
» que la couche la plus élevée ; tandis qu'au contraire dans
» la presse de Réal, la colonne de liquide est très-étroite
» vers la partie supérieure : aussi pour une hauteur
» égale, cette presse produit-elle le même effet avec
» très-peu de liquide, et c'est précisément l'avantage
» essentiel qu'elle présente. Mais une hauteur modérée et
» toujours la même de la colonne du liquide accélère le
» travail, surtout en grand. Une hauteur trop considéra-
» ble est tout-à-fait inutile et nuisible ; huit à dix pieds
» (terme moyen) suffisent. Et on ne pourrait pas tou-
» jours réussir avec un simple entonnoir, bien que, dans
» un très-grand nombre de cas, on parvienne au même
» but, mais avec beaucoup plus de lenteur et de peine.
» Les pharmaciens allemands, surtout ceux du sud de
» l'Allemagne qui possèdent la presse simple et si com-
» mode *de Beindorf* (1), ne voudront certes pas la rem-
» placer par un entonnoir dans la préparation de leurs
» extraits et de leurs teintures. Cet instrument offre aussi
» beaucoup d'avantages pratiques comme appareil à fil-
» trer et à laver (2). »

Sans doute, et sur ce point nous sommes parfaitement

---

(1) Nous regrettons de ne pas connaître la presse de Beindorf.
Lorsque nous aurons acquis quelques renseignemens sur sa disposition,
nous les publierons, s'ils nous semblent utiles à connaître.

(2) A la suite du deuxième mémoire, M. Geiger a placé les ré-

d'accord avec M. Geiger, une colonne d'eau d'une hauteur modérée appliquée à la partie supérieure des vases ou le vide à la partie inférieure, rendent l'opération plus rapide, surtout lorsqu'on opère sur des quantités de matière un peu considérables ; nous n'avons jamais contesté ce fait. Ce que nous nous sommes appliqués à démontrer, c'est que la colonne d'eau, la pression, n'ajoutent rien ni à la faculté dissolvante des véhicules qui la tirent tout entière de leur contact prolongé avec les poudres et du procédé même de lessivage, ni à la propriété qu'offrent deux liquides de ne pas se mêler lorsqu'on les superpose et qu'ils se substituent l'un à l'autre. Nous avons cherché à prouver encore que la pression d'une colonne d'eau plus ou moins haute est chose inutile dans la plupart des opérations de la pharmacie (1). En un mot, qu'un appareil des plus simples, des plus usuels, un entonnoir, peut, dans une foule de cas, remplir toutes les indications désirables.

Quant à la forme en elle-même, si nous la discutons

_____

flexions suivantes que nous rapportons ici puisque l'occasion s'en trouve naturellement :

« C'est enfin après vingt ans que les Français voient l'importance de » l'emploi de la presse Réal, car leur méthode de déplacement est » tout-à-fait le même mode d'extraction, et je m'en réfère à ce que » j'en ai dit dans un volume précédent de ces annales. Laissons d'ail- » leurs au lecteur le choix de la presse modifiée d'après nos données, ou » bien de l'entonnoir français ; mais peut-être ces nouvelles expériences » détruiront la prévention que certaines personnes conservaient encore » contre l'emploi de cette méthode d'extraction, et elle trouvera plu- » tôt accès auprès d'elle, parce que c'est de France que l'éloge en sera » venu. »

(1) M. Réal n'avait pas d'ailleurs étudié comme nous la marche du phénomène, il croyait à la nécessité des macérations, et son appareil ne permettait même pas de les éviter, lorsqu'on agit avec deux liqueurs dissemblables ; nous pouvons donc, dans une foule de cas, opérer avec moins de véhicule encore que par le procédé de Réal, puisque nous pouvons obtenir dans plusieurs cas toute la matière soluble avec une quantité de liqueur moindre que celle qui est nécessaire à la macération, exemple le gayac.

théoriquement, nous nous accorderons encore une fois à reconnaître que celle du cylindre alongé permet d'opérer le lessivage le plus avantageux, c'est-à-dire avec la moindre quantité de véhicule possible ; car, en supposant indéfinie la faculté dissolvante des liquides, l'effet croîtrait en raison directe de la hauteur du vase, et en raison inverse de son diamètre. Aussi devra-t-on préférer cette forme en général, mais surtout lorsqu'on n'emploie qu'un seul et même liquide. C'est ce qui nous a fait dire que la *cafetière à la Dubelloy, qui est cylindrique, devait être notre modèle*, et que le récipient destiné à recevoir la poudre demandait à être étroit, alongé. Nous avons ajouté, il est vrai, *conique inférieurement ;* en voici les motifs :

Lorsqu'on veut déplacer l'un par l'autre deux liquides capables de se mêler, il faut s'efforcer de superposer le plus promptement possible sur la surface entière du liquide inférieur celui qui doit le pousser, afin que toute la couche horizontale soit chassée en même temps, et que les parties qui la composent ne se trouvent pas isolées les unes des autres. Celles qui resteraient en arrière se mélangeraient nécessairement vers la base avec le liquide déplaçant qui les aurait devancées en un point quelconque de la surface. Or, moins l'écoulement sera abondant ou rapide à la partie inférieure, plus il sera facile de recouvrir presque au même instant la surface supérieure, plus il y aura déplacement exact et sans mélange des deux liqueurs. C'est ce que procure le rétrécissement d'un vase dont la partie inférieure se termine en cône renversé : cette disposition s'oppose à ce que l'équilibre se détruise entre les diverses parties de la masse liquide, et lui permet même de se rétablir : elle donne enfin toute facilité pour fractionner les produits ; ce qui est de la plus haute importance dans la circonstance particulière qui nous occupe.

On peut voir sur la *fig.* 1 de la planche ci-jointe quelle

est la forme du vase que nous avons adopté dès le principe pour notre usage particulier toutes les fois qu'un entonnoir ordinaire n'a pu nous suffire ou nous a paru moins
favorable. La partie conique est une fraction peu importante de la longueur. Nous rendons d'ailleurs à volonté au
vase la forme cylindrique, quand cela nous paraît utile, en
interposant une grille en C D. Celle qui est figurée en
A B est mobile comme l'autre ; elle sert à empêcher que la
poudre ne soit disséminée par le liquide, que l'on verse
sur sa surface (1).

Les formes à sucre des raffineurs (2) remplaceraient
d'une manière fort heureuse l'appareil que nous venons
de figurer. Ces vases sont peu coûteux, peu fragiles,
même par l'effet d'une chaleur brusque. On s'en procure
aisément de toutes grandeurs. Le support qui les accom-
pagne est destiné tout à la fois à leur servir de base et à
recueillir les liqueurs déplacées. C'est un appareil qui doit
à l'avenir figurer comme la presse dans le laboratoire du
pharmacien. Il aura le mérite de la simplicité uni à celui de la précision.

Ainsi donc, de simples entonnoirs, des alonges de
verre, d'étain, de fer-blanc, des cônes de grès, voilà nos
moyens habituels. Ces vases offrent l'avantage de rendre
presque toujours inutile la construction d'appareils spé-
ciaux.

Lorsqu'on opère avec des liquides volatils, il faut,
comme nous l'avons dit, de légères précautions sur lesquelles il est à peine besoin d'insister, et qui se résument
en prescrivant d'éviter avec soin l'évaporation du liquide,
et le renouvellement trop libre de l'air.

L'appareil de Donavan pour filtrer à l'abri du courant

---

(1) Nous répondons à un vœu qui nous a été exprimé, en annonçant
ici qu'on trouve chez M. Laurens, ferblantier, rue des Fossés-Mont-
martre, n°. 12, *le vase à déplacement* tel que nous l'avons indiqué *fig.* 1.

(2) Nous savons que déjà plusieurs pharmaciens en font usage.

de l'atmosphère (1), en y ajoutant une tubulure pour permettre le déplacement remplirait sans doute toutes les conditions d'exactitude, mais on peut les obtenir à moins de frais. Une simple alonge étranglée à la partie supérieure tubulée, et posée sur un flacon de capacité convenable, un papier percé de trous placé sur la poudre, un petit entonnoir fixé sur la tubulure par un bouchon joignant mal, effilé à la base et destiné à l'introduction des liqueurs, suffisent pour opérer avec une grande exactitude. (*Fig.* 2.)

Nous avons par ce moyen obtenu, en traitant la digitale, la cigüe, etc., une quantité de teinture égale souvent aux $\frac{19}{20}$ toujours aux $\frac{15}{16}$ de l'éther employé.

S'il était reconnu qu'une macération préalable fût nécessaire, on pourrait user du moyen proposé, il y a quelque temps par M. Robiquet (2). L'appareil qu'il emploie pour traiter les matières végétales par l'éther (3) diffère peu du précédent. La modification essentielle qui

---

(1) Journal de Pharmacie, tom. XI, pag. 519.

(2) Journal de Pharmacie, tom. XX, pag. 83.

(3) Lorsque nous avons cité dans notre premier mémoire la remarque faite il y a quelques années par MM. Robiquet et Boutron-Charlard, que l'huile retenue par la pâte d'amandes exprimée était chassée par l'éther sans qu'il y eût mélange, nous avons cru devoir rappeler un fait réel de déplacement observé par ces chimistes, mais qui, vu en passant, ne leur a donné lieu de tirer aucune conséquence vraie sur la nature du phénomène ou sur la généralité qu'il pourrait avoir. On peut s'en convaincre par les derniers mots mêmes du passage de leur mémoire que nous avons extrait. M. Robiquet, dans la description qu'il a donnée récemment du petit appareil qu'il emploie dans cette circonstance, n'envisage même pas la question sous le point de vue du déplacement. C'est donc à tort que M. Guibourt dans la nouvelle édition de son *Traité de Pharmacie* (tom II, pag. 39), donne à cet appareil le nom d'*entonnoir à déplacement de M. Robiquet*, et qu'il place (pag. 40) MM. Robiquet et Boutron-Charlard au nombre des praticiens qui ont concouru à établir la méthode de déplacement. C'est à tort aussi que M. Bonastre (*Journal de Pharmacie*, pag. 385) s'exprime ainsi : *J'ai essayé de mettre en usage le procédé de déplacement indiqué par nos honorables collègues Robiquet et Boutron-Charlard, et en dernier lieu par M. Boullay*; nous réclamons, et savons le faire à bon droit, toute priorité à cet égard.

y a été apportée consiste en ce que le col de l'alonge est usé sur celui du flacon qui la reçoit, de manière à empêcher le dégagement de l'air, et en ce que la tubulure supérieure est bouchée à l'émeril. L'éther que l'on verse sur la poudre ne peut donc s'écouler, et reste en macération tant qu'on ne soulève pas l'alonge et le bouchon. Il faudra d'ailleurs ajouter à ce procédé l'application de notre méthode pour obtenir le liquide adhérent à la poudre.

Ce sont là de légers détails qu'on peut laisser à l'intelligence de celui qui opère, et qu'il serait long d'énumérer comme fastidieux de lire. Il faut sans cesse avoir présent à l'esprit que le moyen le plus simple est le meilleur, et se rapprocher le plus possible du type de tous ces appareils, qui consiste en une alonge et un flacon (1).

Si nous avons insisté aussi longuement sur les divers

---

(1) Cette discussion nous conduit naturellement à dire quelques mots d'une disposition ingénieuse des mêmes vases réalisée dans la construction de cafetières nouvelles. Cet appareil, sans être très-applicable aux opérations de la pharmacie, nous a paru digne d'une mention spéciale, en ce qu'on y trouve plusieurs opérations réunies, comme la décoction au moyen de la vapeur, l'expression par l'effet du vide, et même le déplacement.

Adapter exactement à l'aide d'un bouchon, *fig.* 3, à un ballon de verre, par exemple, pour voir aisément la marche du phénomène une alonge ou un entonnoir de verre D, de manière à faire arriver la queue à quelques lignes du fond du ballon ; puis placer à l'endroit AB, où le vase supérieur se rétrécit, un petit diaphragme percé de trous, c'est construire l'appareil en question. Verse-t-on un peu d'eau dans le vase inférieur C sans arriver à boucher la communication entre les deux ; la vapeur chasse en grande partie l'air contenu dans ce vase par le conduit que lui offre l'alonge. On remplit ce vide par de nouvelle eau destinée à l'opération suivante, puis on chauffe encore pour faire remonter le liquide dans la partie supérieure, où la vapeur qui s'échappe sans cesse de l'autre va le réchauffer et le porter bientôt à l'ébullition. On délaie la poudre que l'on veut épuiser dans l'alonge et dans l'eau qu'elle contient, et on prolonge l'ébullition aussi long-temps qu'elle est nécessaire, en laissant retomber de temps en temps une petite quantité de liquide.

La décoction faite, on supprime la chaleur ; la liqueur saturée points de vue qui résultent de notre méthode, c'est qu'elle nous semble avoir de l'avenir. Elle devra son succès à sa précision, sa puissance et sa simplicité.

---

ne tarde pas à redescendre dans le ballon, la poudre à se tasser, à s'exprimer par l'effet de la pression atmosphérique. C'est alors que, pour compléter l'effet, on peut opérer le déplacement en saisissant le moment où la poudre se découvre pour la charger d'une nouvelle quantité de liquide.

Ainsi donc dans le même vase, et pour ainsi dire en une seule opération, on a pu faire la décoction à la vapeur, passer ou déplacer tout à la fois ; c'est-à-dire qu'on a évité toutes pertes de temps, de chaleur et de quantités.

PARIS.—IMPRIMERIE ET FONDERIE DE FAIN,
Rue Racine, n°. 4, place de l'Odéon.

www.ingramcontent.com/pod-product-compliance
Lightning Source LLC
Chambersburg PA
CBHW070807210326
41520CB00011B/1869